超例解

Linux Kernel Programming

Linux
カーネル
プログラミング

最先端Linuxカーネルの修正コードから学ぶソフトウェア品質

平田 豊 著

C&R研究所

■権利について
- 本書に記述されている社名・製品名などは、一般に各社の商標または登録商標です。
- 本書では™、©、®は割愛しています。

■本書の内容について
- 本書は著者・編集者が実際に操作した結果を慎重に検討し、著述・編集しています。ただし、本書の記述内容に関わる運用結果にまつわるあらゆる損害・障害につきましては、責任を負いませんのであらかじめご了承ください。
- 本書についての注意事項などを5ページに記載しております。本書をご利用いただく前に必ずお読みください。
- 本書は2019年6月現在の情報をもとに記述しています。

●本書の内容についてのお問い合わせについて

　この度はC&R研究所の書籍をお買いあげいただきましてありがとうございます。本書の内容に関するお問い合わせは、「書名」「該当するページ番号」「返信先」を必ず明記の上、C&R研究所のホームページ(http://www.c-r.com/)の右上の「お問い合わせ」をクリックし、専用フォームからお送りいただくか、FAXまたは郵送で次の宛先までお送りください。お電話でのお問い合わせや本書の内容とは直接的に関係のない事柄に関するご質問にはお答えできませんので、あらかじめご了承ください。

〒950-3122 新潟県新潟市北区西名目所4083-6　株式会社 C&R研究所　編集部
FAX 025-258-2801
『超例解Linuxカーネルプログラミング』サポート係

PROLOGUE

　本書では、最先端のLinuxカーネルで日々行われている修正内容を題材として、業務開発におけるソフトウェアの修正に関してどうあるべき姿なのかについて考えていきます。

　Linux（リナックス）はオープンソースソフトウェアとして1991年に誕生し、当初はコンピュータマニアの趣味の範囲内でしたが、今では社会インフラを支える基盤となり、私たちの生活を成り立たせるまでに成長しました。ただ、普段、職場でパソコン（Windows）しか触っていないと、Linuxが世の中にどれだけ浸透しているかピンとこないかもしれません。

　Windows 10ではWSL（Windows Subsystem for Linux）という仕組みが導入され、Linuxのプログラムがそのまま Windows 上で動かせるようになりました。このことは以前のMicrosoftでは考えられないことですが、それだけLinuxが無視できない存在になっているという証拠です。

　身近にあるスマホ（Android）や家電製品にもOSとしてLinuxが組み込まれていることが増えてきました。Linuxはオープンソースであるためライセンスを明示する必要があり、製品の取り扱い説明書を見ると、ライセンス文の記載を見つけることができます。

　インターネットサービスを提供するサーバー OSとしてLinuxが採用されることも一般的となってきました。Linuxの活躍ぶりを直接、目の当たりにすることはありませんが、まさに縁の下の力持ちです。

　Linuxはオープンソースであり、プログラムのソースコードが一般に公開されているので、誰でも読むことができます。しかし、そうはいってもなかなかソースコードを読む機会はないのではないでしょうか。

　本書ではなるべくLinuxカーネルの修正内容がやさしいものを取り上げ、プロのプログラマーではない方にもわかりやすいように解説していきます。Linuxの最先端でどんな修正が行われているのかを垣間見ながら、少しでも楽しく学んでもらえたら嬉しいです。

　なお、本書は、筆者がTwitterで「#カーネルパッチ勉強会」というつぶやきをしていたことからヒントを得ています。Twitterのまとめは下記Togetterにあります。本書で取り上げているLinuxカーネルバージョンは4.16 〜 5.0になります。
　　URL https://togetter.com/li/1231356

2019年6月

平田 豊

本書について

▌対象読者について

　本書では、C言語およびLinuxの基礎知識がある方を読者対象としています。C言語およびLinuxの基礎知識については説明を割愛していますので、ご了承ください。なお、動作環境も含め、前提となる基礎知識については、10ページで説明していますので、そちらを参照してください。

▌サンプルコードの中の▼について

　本書に記載したサンプルコードは、誌面の都合上、1つのサンプルコードがページをまたがって記載されていることがあります。その場合は▼の記号で、1つのコードであることを表しています。

▌サンプルファイルのダウンロードについて

　本書で紹介しているサンプルデータは、C&R研究所のホームページからダウンロードすることができます。本書のサンプルを入手するには、次のように操作します。

❶「http://www.c-r.com/」にアクセスします。
❷ トップページ左上の「商品検索」欄に「284-6」と入力し、[検索]ボタンをクリックします。
❸ 検索結果が表示されるので、本書の書名のリンクをクリックします。
❹ 書籍詳細ページが表示されるので、[サンプルデータダウンロード]ボタンをクリックします。
❺ 下記の「ユーザー名」と「パスワード」を入力し、ダウンロードページにアクセスします。
❻「サンプルデータ」のリンク先のファイルをダウンロードし、保存します。

サンプルのダウンロードに必要な
ユーザー名とパスワード
ユーザー名　`linux`
パスワード　`y8c3w`

※ユーザー名・パスワードは、半角英数字で入力してください。また、「J」と「j」や「K」と「k」などの大文字と小文字の違いもありますので、よく確認して入力してください。

▌サンプルファイルの利用方法について

　サンプルはZIP形式で圧縮してありますので、解凍してお使いください。

CONTENTS

■ CHAPTER 01

Linuxカーネルの最先端で行われていること

- **001** 前提知識と動作環境 …………………………………………… 10
  - ▶前提知識 …………………………………………………………10
  - ▶動作環境 …………………………………………………………10
  - ▶動作環境のセットアップ ………………………………………11
- **002** Linuxカーネルのバージョン ………………………………… 15
  - ▶バージョンの確認方法 …………………………………………15
  - ▶Linuxカーネルのバージョンルール …………………………18
- **003** Linuxカーネルのソースコードの見方 ……………………… 22
  - ▶Linuxカーネルの公開場所と見方 ……………………………22
  - ▶ソースコードの参照方法① ……………………………………23
  - ▶ソースコードの参照方法② ……………………………………23
  - ▶ソースコードの参照方法③ ……………………………………26
- **004** Linuxカーネルの最先端を見る ……………………………… 29
  - ▶新機能追加 ………………………………………………………29
  - ▶バグ修正 …………………………………………………………29
  - ▶セキュリティアップデート ……………………………………30
  - ▶改善 ………………………………………………………………31
  - ▶ドキュメント修正 ………………………………………………31

■ CHAPTER 02

ソフトウェアの品質確保の仕方

- **005** ソフトウェアの品質とライセンス …………………………… 34
  - ▶品質とは何か ……………………………………………………34
  - ▶Linuxカーネルの品質 …………………………………………34
  - ▶品質保証 …………………………………………………………35
  - ▶ライセンス ………………………………………………………35
  - ▶Linuxディストリビューションのライセンス ………………37
  - ▶システムコールのライセンス …………………………………37
- **006** ソフトウェアの品質確保 ……………………………………… 39
  - ▶バグの見つけ方 …………………………………………………39
  - ▶影響範囲の見極め ………………………………………………41
  - ▶修正量は最小にする ……………………………………………45
  - ▶テスト ……………………………………………………………46

CONTENTS

■CHAPTER 03
バグを作り込みやすいポイントその1

- □□7 普段通らないパス …………………………………… 50
- □□8 デバイスドライバの取り外し① …………………… 56
- □□9 デバイスドライバの取り外し② …………………… 61
- □１０ デバイスドライバの取り外し③ …………………… 64
- □１１ デバイスドライバの取り外し④ …………………… 68

■CHAPTER 04
バグを作り込みやすいポイントその2

- □１２ 割り込みハンドラの登録直後 ……………………… 74
  - ▶割り込みの概要 …………………………………………74
  - ▶ハードウェア割り込みについて ………………………75
  - ▶ハードウェア割り込みの特徴と落とし穴 ……………77
  - ▶バグ修正の実例 …………………………………………78
- □１３ 割り込み禁止のタイミング ………………………… 84
  - ▶バグ修正の実例 …………………………………………84
  - ▶ネットワークダウン処理の流れ ………………………87
  - ▶SystemTapの導入 ………………………………………89
  - ▶SystemTapスクリプトの作り方 ………………………90
  - ▶SystemTapスクリプトの実行 …………………………92
  - ▶ネットワークダウン処理の続き ………………………93
  - ▶問題点 ……………………………………………………95

■CHAPTER 05
バグを作り込みやすいポイントその3

- □１４ 32bitと64bitの違い ………………………………… 98
  - ▶概要 ………………………………………………………98
  - ▶32bitと64bitの相違点 …………………………………98
  - ▶バグの実例① ……………………………………………99
  - ▶バグの実例② ………………………………………… 108

CHAPTER 06
バグを作り込みやすいポイントその4

- 015 処理終了の待ち合わせ …………………………………… 114
  - ▶概要 114
  - ▶バグの実例① 114
  - ▶バグの実例② 123

CHAPTER 07
シンプルなミス

- 016 ビルドエラー …………………………………………… 132
- 017 コピペミス ……………………………………………… 136
- 018 不要コードの除去漏れ ………………………………… 138
- 019 最新仕様追従漏れ ……………………………………… 140
- 020 関数の途中リターン …………………………………… 144

CHAPTER 08
セキュアコーディング

- 021 セキュリティ脆弱性対策の必要性 …………………… 148
- 022 CPU脆弱性対策 ……………………………………… 149
- 023 カーネルメモリのゼロクリア ………………………… 154

CHAPTER 09
リファクタリング

- 024 リファクタリングの重要性 …………………………… 162
- 025 スクリプトのshebang行の解析 ……………………… 163
  - ▶パッチの内容 163
  - ▶問題点 165
  - ▶バグ修正なのか改善なのか 166

■CHAPTER 10

恐怖のメモリ破壊

- □26　恐怖のメモリ破壊 …………………………………………………… 170
- □27　参照カウンタのリーク漏れ ………………………………………… 171
  - ▶inotifyのバグ修正 ……………………………………………… 171
  - ▶inotifyのバグの再現確認 ……………………………………… 175
- □28　use-after-free ………………………………………………………… 178
- □29　バッファオーバーフロー …………………………………………… 181
- □30　文字列コピー ………………………………………………………… 184

■CHAPTER 11

チェックリスト

- □31　チェックリストの必要性 …………………………………………… 192
  - ▶概要 ……………………………………………………………… 192
  - ▶チェックリストの活用方法 …………………………………… 192
  - ▶チェックリストは生もの ……………………………………… 193
- □32　チェックリスト ……………………………………………………… 194
  - ▶チェックリストの確認内容の意図 …………………………… 194

- ●索 引 ……………………………………………………………………… 197

CHAPTER 01

Linuxカーネルの最先端で行われていること

本章ではLinuxカーネルのバージョンルールに着目しながら、最先端でどのような修正が行われているのかについて見ていきます。

SECTION-001

前提知識と動作環境

はじめに本書を読み進める上での前提について説明します。

前提知識

本書ではLinuxカーネルのソースコードを題材として取り上げるので、プログラミング言語の1つである「C言語」の基礎知識があると、本書を読み進めやすいでしょう。LinuxでC言語を使って、簡単なプログラムを作ったことがあれば十分です。C言語を知らなくとも何らかのプログラミングの経験がある方であれば、特に問題なく読み進めることができます。

ただし、まったくプログラミングを経験したことがない方には、本書の内容を理解することは難しいと思われるので、先にC言語の基礎を学んでから、本書を読んでみることをおすすめします。

また、本書にはLinuxのコマンドライン操作が登場する場面があります。Linuxの基本操作が行えるとより望ましいです。

以上より、本書ではC言語およびLinuxの基礎に関しては対象外として、詳細説明を割愛しておりますので、あらかじめご了承願います。

動作環境

本書で作成するプログラムの動作検証を行った環境は以下の通りです。

- Ubuntu 18.04 LTS
  - Linuxカーネル4.15
  - gcc 7.3
  - glibc 2.27

Ubuntu（ウブンツ）というLinuxディストリビューションは、手軽に使えることから人気があります。UbuntuはDebian（デビアン）ベースのため、パッケージ管理の安定さにも定評があります。

Ubuntuのサポート期間は9カ月と比較的短いのですが、長期サポート版も用意されており、LTS（Long Term Support）という呼び方をします。Ubuntu 18.04はLTSであり、10年間サポートされます。18.04というバージョン番号から想像できるように2018年4月にリリースされ、2028年4月までサポートされます。

筆者の環境ではUbuntuをWindows10のHyper-Vという仮想化環境で動作させています。MicrosoftとしてもUbuntuの対応には力を入れており、UbuntuはHyper-Vの正式サポートOSに含まれているので、安定して使うことができます。

なお、本書で作成するプログラムはUbuntuに特有のものではありませんので、どのLinuxディストリビューションでも動作するように配慮してあります。

▊ 動作環境のセットアップ

　Ubuntuを構築した直後は開発ツールが含まれていないため、aptコマンドを使って開発ツールの導入を行います。root権限が必要なので、sudoコマンドを使ってaptコマンドを実行します。下記例ではaptコマンドを2行に分けていますが、1行で実行してもよいです。

```
# sudo -s
# apt install fakeroot kernel-package git libssl-dev
# apt install bison flex libelf-dev libncurses-dev
```

　開発ツールが導入できているかを確認します。以下に示すプログラム（アプリケーション）をテキストエディタで作成します。

CODE　chap1/app/helloworld.c
```
/*
 * 最初のプログラム
 */
#include <stdio.h>

int main(void)
{
    printf("hello, world.¥n");
    return 0;
}
```

　gccコマンドを使って、プログラムをコンパイルして実行プログラム（a.out）を生成します。実行プログラムが作れたら、起動確認を行います。画面に「hello, world.」という文字列が表示されたら成功です。不要になった実行プログラムは削除しておきましょう。

```
# gcc helloworld.c
# ./a.out
hello, world.
# rm a.out
```

　makeコマンドの確認もしておきます。以下に示す内容をMakefileというファイル名で作成します。Makefileは「helloworld.c」と同じディレクトリに格納します。

CODE　chap1/app/Makefile
```
#
# Makefileのサンプルコード
#
EXENAME = helloworld
SRCFILE = helloworld.c

$(EXENAME): $(SRCFILE)
	$(CC) -o $@ $<
```

```
clean:
    rm -f $(EXENAME) a.out
```

　makeコマンドを実行すると、実行プログラム(helloworld)が生成されるので、実行プログラムの起動確認を行います。画面に「hello, world.」という文字列が表示されたら成功です。「make clean」コマンドを実行すると、不要になった実行プログラムを削除することができます。

```
# ls
Makefile   helloworld.c
# make
cc -o helloworld helloworld.c
# ./helloworld
hello, world.
# make clean
rm -f helloworld a.out
```

　以上の手順が失敗する場合は開発ツールの導入ができていない可能性があります。もし、gccやmakeが存在しない(Command 'XX' not found)となる場合は、aptコマンドで導入が必要なので、「apt install gcc make」を実行してください。
　もう1つサンプルプログラムを確認しておきます。以下に示すプログラム(カーネルモジュール)をテキストエディタで作成します。

CODE chap1/driver/sample.c

```c
/*
 * サンプルドライバ
 *
 */
#include <linux/module.h>
#include <linux/kernel.h>
#include <linux/device.h>

MODULE_LICENSE("GPL");
MODULE_DESCRIPTION("This is a sample driver.");
MODULE_AUTHOR("Yutaka Hirata");

struct sample_driver {
    struct device_driver driver;
};

static int sample_init(struct sample_driver *drv)
{
    printk(KERN_ALERT "driver loaded¥n");
    return 0;
}
```

```
static void sample_exit(struct sample_driver *drv)
{
    printk(KERN_ALERT "driver unloaded\n");
}

static struct sample_driver sa_drv = {
    .driver = {
        .name = "sample_driver",
        .of_match_table = NULL,
    },
};

module_driver(sa_drv, sample_init, sample_exit);
```

プログラムをコンパイルするためのMakefileも作成します。

CODE chap1/driver/Makefile

```
obj-m := sample.o

# ドライバのコンパイラオプションを追加したい場合は下記を指定する
EXTRA_CFLAGS +=

KERNELDIR := /lib/modules/$(shell uname -r)/build

# make -Cオプションで再帰呼び出しする場合、
# $(PWD)では正しく動作しない(親ディレクトリを引き継ぐ)ため、
# $(shell pwd)か$(CURDIR)を使うこと。
#PWD := $(PWD)           # NG
#PWD := $(CURDIR)
PWD := $(shell pwd)

all:
    make -C $(KERNELDIR) M=$(PWD) modules

clean:
    make -C $(KERNELDIR) M=$(PWD) clean
```

　カレントディレクトリに2つのファイル(sample.cとMakefile)があることを確認した上で、makeコマンドを実行して、プログラムをコンパイルします。
　コンパイルが成功すると「sample.ko」というカーネルモジュール(デバイスドライバ)が作られます。modinfoコマンドでカーネルモジュールの情報表示ができることも確認しておきます。
　ここではカーネルモジュールの起動確認までは行いませんが、「sample.ko」というカーネルモジュールファイルが作られていれば、正しく開発ツールの導入はできているといえます。

```
# ls
Makefile   sample.c

# make
make -C /lib/modules/4.15.0-43-generic/build M=/home/yutaka/src/chap1/driver  modules
make[1]: ディレクトリ '/usr/src/linux-headers-4.15.0-43-generic' に入ります
  CC [M]  /home/yutaka/src/chap1/driver/sample.o
  Building modules, stage 2.
  MODPOST 1 modules
  CC      /home/yutaka/src/chap1/driver/sample.mod.o
  LD [M]  /home/yutaka/src/chap1/driver/sample.ko
make[1]: ディレクトリ '/usr/src/linux-headers-4.15.0-43-generic' から出ます

# modinfo ./sample.ko
filename:       /home/yutaka/src/chap1/driver/./sample.ko
author:         Yutaka Hirata
description:    This is a sample driver.
license:        GPL
srcversion:     34DF795D2F82F1F6B64C86B
depends:
retpoline:      Y
name:           sample
vermagic:       4.15.0-43-generic SMP mod_unload
```

SECTION-002

Linuxカーネルのバージョン

本節ではLinuxカーネルのバージョンルールについて説明します。

■ バージョンの確認方法

使っているLinuxのバージョンの確認方法はいくつかありますが、ここでLinuxディストリビューションとLinuxカーネルの関係について整理しておきます。普段、私たちが使っているLinux(リナックス)は、厳密にはLinuxディストリビューションといいます(下図参照)。

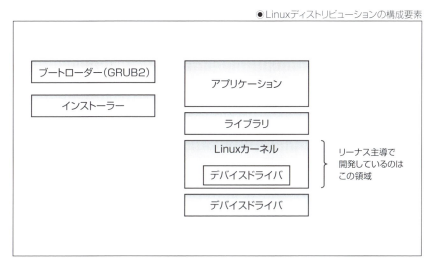

●Linuxディストリビューションの構成要素

　Linuxといえば、リーナス・トーバルズ(Linus Torvalds)氏が主導して開発しているイメージがありますが、厳密にはLinuxカーネルというOS(オペレーティングシステム)のコア部分のみです。LinuxカーネルだけではOSとして成り立たないため、そのために必要なソフトウェアを揃えて、1つのOSを構築したのがLinuxディストリビューションと呼ばれます。ディストリビューション(distribution)は配布・配達・流通といった意味の単語ですが、1つのOSとして仕立て上げたものを一般公開しているという意味合いになります。

　Linuxディストリビューションを使えるようにするためには、パソコンやサーバーに導入するためにインストーラーが付属しています。また、BIOS(UEFIファームウェア)からLinuxを起動するために必要なブートローダーも含まれています。

　周辺機器を制御するためのソフトウェアであるデバイスドライバは、Linuxカーネルに含まれていますが、含まれていない場合は別途デバイスドライバを導入する場合もあるので、上図では「デバイスドライバ」の箱が2つ書いてあるというわけです。

■SECTION-002 ■ Linuxカーネルのバージョン

本書での動作環境で使っているUbuntuはLinuxディストリビューションです。Linuxディストリビューションは世の中にたくさん存在しており、Ubuntu以外にもRHEL（Red Hat Enterprise Linuxの略でレルと発音する）やFedora（フェドラ）、CentOS（セントオーエス）、Oracle Linux（オラクルリナックス）などがあり、日ごろの業務で使っている方もいらっしゃるかもしれません。

Linuxカーネルはリーナス氏が開発しているものが本家と呼ばれており、その本家をベースとして独自にカーネルを開発している人たちや組織も多く存在します。本書で取り上げるのは、本家のLinuxカーネルの部分になります。なお、Linuxディストリビューションが採用するLinuxカーネルは、本家のものをそのまま使うことはなく、独自にカスタマイズされます。

一口にLinuxといった場合、文脈によりLinuxディストリビューションなのかLinuxカーネルのことを指しているのかが変わります。

LinuxディストリビューションであるUbuntuのバージョンは、端末にSSHでログインしたときに表示されます。

●Linuxディストリビューションとカーネルのバージョン確認方法

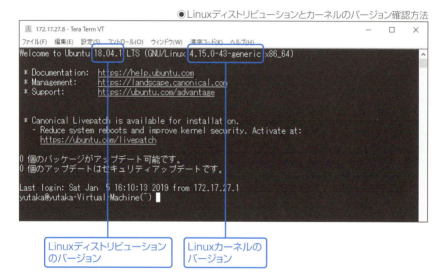

Ubuntuのバージョンは「18.04.1」です。Linuxカーネルのバージョンは「4.15.0-43-generic」で、"-generic"という文字列まで含み、Ubuntuの開発元で独自にカーネルがカスタマイズされていることがわかるようになっています。

uname（unix name）コマンドを使うことでもLinuxカーネルのバージョンがわかります。

```
# uname -a
Linux yutaka-Virtual-Machine 4.15.0-43-generic #46-Ubuntu SMP Thu Dec 6 14:45:28 UTC 2018 x86_64 x86_64 x86_64 GNU/Linux
```

/etc/os-releaseファイルを見ることでも、Linuxディストリビューションのバージョンがわかります。

```
# cat /etc/os-release
NAME="Ubuntu"
VERSION="18.04.1 LTS (Bionic Beaver)"
ID=ubuntu
        :
        :
```

/etc配下にあるファイルは、Linuxディストリビューションによりファイル名が異なることがあるので、「*release」で探すのがよいです。catコマンドだとファイル名がわからないので、grepコマンドを使うのがおすすめです。

```
# cat /etc/*release
DISTRIB_ID=Ubuntu
DISTRIB_RELEASE=18.04
        :
        :
NAME="Ubuntu"
VERSION="18.04.1 LTS (Bionic Beaver)"
ID=ubuntu
        :
        :
# grep . /etc/*release
/etc/lsb-release:DISTRIB_ID=Ubuntu
/etc/lsb-release:DISTRIB_RELEASE=18.04
        :
        :
/etc/os-release:NAME="Ubuntu"
/etc/os-release:VERSION="18.04.1 LTS (Bionic Beaver)"
/etc/os-release:ID=ubuntu
        :
        :
```

■ Linuxカーネルのバージョンルール

　世の中に初めてLinuxカーネルがリリースされたのは、バージョン1.0で1994年3月の出来事です。当初、バージョンの付け方として、2桁目の番号が偶数ならば安定版、奇数ならば開発版という位置付けで、2本立てとなっていました。1.0が安定版、1.1が開発版、1.2が安定版といった感じです。

　このように開発版と安定版とで開発ブランチを2つに分けるルールは、2.4まで続きました。バージョン2.4の次の2.6が2003年12月に登場したので、当該ルールは10年近く続いたということになります。

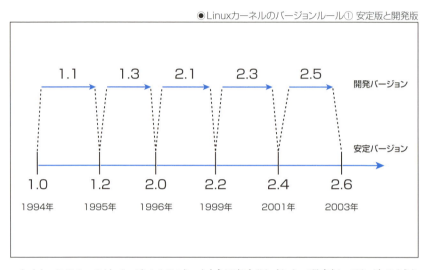

●Linuxカーネルのバージョンルール① 安定版と開発版

　しかし、このルールはバージョン2.6になったときに廃止されました。理由としては、次のようなところです。

- 開発版での大きな修正を安定版に入れにくい
- 開発版を使ってくれるユーザーが少ない

　ユーザーは安定したソフトウェアを使いたいので安定版を使いますが、そうすると大きな修正を入れるのが難しくなります。ソフトウェア開発において、プログラムのソースコードを大きく修正すると、もともと動作していた箇所が動かなくなる危険性があるからです。一度、「これが安定版です」と宣言してしまうと、ソフトウェアの品質を優先することになります。

　また、Linuxカーネルはオープンソースソフトウェアで、非営利の成果品であり、原則ボランティアベースで開発されています。開発者の中には会社からお金をもらいながら仕事として取り組んでいる方もいます。いずれにしても、開発者側の思いとしては無償で公開しているので、ユーザーには積極的に使ってもらってフィードバックしてほしいという思いがあります。しかし、ユーザーの思いとしては、ユーザー側も原則ボランティアなので、安定したソフトウェアを使いたいという思いがあります。うまく動かなかったときに、ユーザーが自分でトラブルシュートをしたくない人が多いからです。

人間の心理として不思議なことに、ソフトウェアのバージョンに開発版、ベータ版、評価版といった名称が付いていると、心にブレーキがかかり積極的に使おうという意志が低くなるのです。

●Linuxカーネルのバージョンルール② 長い2.6時代

バージョン2.6からは開発版と安定版が統合され、新しくリリースされるたびに3桁目が上がる方式になりました。2.6.0の次は2.6.1、2.6.2…といった感じです。この統合により、リリーススピードが2.4よりも速く、2.5よりも遅くなります。つまり、安定性を維持しつつ、新機能も随時実装されていくという、開発者とユーザー双方にメリットが生まれます。この場合においても、より品質を高めるため、リリース後にバグ修正のみを行うバージョンも用意され、4桁目で表現されます。たとえば、2.6.11がリリースされた後、2.6.11.1、2.6.11.2、というふうにバージョン番号が管理されます。

そして、バージョン2.6は2011年5月までという約8年間にわたり、開発が続けられました。バージョン2.6の時代が長くなりすぎたということで、2011年7月のリリースでバージョン3.0に上がりました。2.6と3.0で何か大きく進化したというわけではありません。もともと、Linuxカーネルは2桁目が上がっていくことで、実装が大きく変わり、進化が早いからです。

●Linuxカーネルのバージョンルール③ 3.0時代

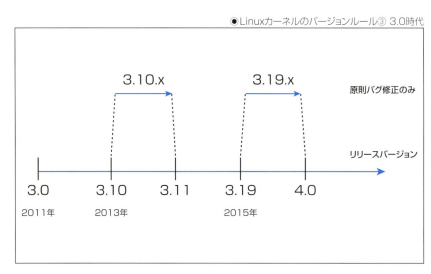

バージョン3.0は2011年7月から2015年2月まで約3年半続きました。リリースのたびに2桁目が上がっていきますが、原則バグ修正のみを行うバージョンも用意され、3桁目で表現されます。

●Linuxカーネルのバージョンルール④ 4.0時代

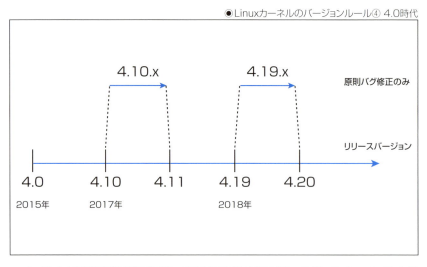

バージョン4.0は2015年4月に登場し、2018年12月に4.20がリリースされました。バージョン管理は3.0と同様で、2桁で表現され、原則バグ修正のみを行うバージョンは3桁で表現されます。

バージョン5.0は2019年3月にリリースされました。バージョン4.20の次のバージョンとなります。Linuxのバージョンルールは変わる可能性がありますが、おそらくバージョン5.0は3年ほど続いて、その後はバージョン6.0に上がるものと予想されます。「The Linux Kernel Archives」のサイトを覗くと、先を見越してかすでに「6.x」というディレクトリが作られているからです。

なお、LinuxディストリビューションにLTS（Long Term Support）があるように、Linuxカーネルにも LTS版が用意されており、長期サポートされるバージョンがあります。バージョン2.4もLTSとして2001年から2013年までサポートされており、驚異の10年保守です。バージョン2.4は基幹系によく入っていたので、長く使われたバージョンとなりました。

バージョン2.6はLTSからはすでに外れており、現在、本家ではサポートされていません。しかし、RHEL6やCentOS6はLinuxカーネル2.6が採用されているので、Linuxディストリビューションの開発元でサポートが継続されています（2020年まで）。

SECTION-003

Linuxカーネルのソースコードの見方

本節では、Linuxカーネルのソースコードの見方について説明します。

Linuxカーネルの公開場所と見方

リーナス氏が主導で開発している本家Linuxカーネルは、下記「The Linux Kernel Archives」というサイトで一般公開されています。公開対象はLinuxカーネルのソースコード（設計図のようなもの）で、バイナリファイルは対象外です。Linuxカーネルを動作させてみるには、ソースコードからビルドする必要があります。

- The Linux Kernel Archives
  URL https://www.kernel.org/

ソースコードはgit（ギット）を使って管理されています。
このサイトのトップページでは、以下に示すgitリポジトリが公開されています。

- mainline（本流）
- stable（安定版）
- longterm（長期サポート版）
- linux-next（次回リリースに入れたいもの）

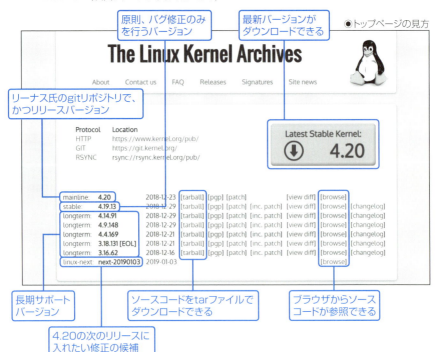

●トップページの見方

mainlineというのはリーナス氏が管理しているリポジトリで、Linuxカーネルはこちらからリリースされます。バージョン番号は2桁です。リリース直後はサイト右上の「Latest Stable Kernel」にも登録されます。mainlineは新機能に加え、バグ修正も多数含まれているため、安定して使うことができます。

stableはmainlineからリリースされたバージョンにバグ修正のみを行い、さらなる品質向上を目的としたバージョンです。4.19.13は4.19に対する修正であり、バージョン番号が3桁で管理されます。当然のことながら、stableでのバグ修正はmainlineにもフィードバックされます。

longtermはLTS（長期サポート版）のことです。「3.18.131［EOL］」のようにバージョン番号の後ろにEOLとあるのは、長期サポートが終了したという意味です。EOLはEnd Of LineやEnd Of Lifeの略です。End Of Lineの「Line」は工場のラインのことで、生産終了という意味です。End Of Lifeの「Life」は寿命のことで、提供終了という意味です。

linux-nextというのはmainlineに入れたい修正があれば、それを入れる場所です。linux-nextに入れずに、いきなりmainlineに入れてもらおうとするのはルール違反です。

ソースコードの参照方法①

ソースコードはtarball（tar+圧縮ファイルのこと）でダウンロードすることができます。ダウンロードファイルをLinux上に置いて、tarコマンドを使って展開することができます。バージョン4.20のtarballのサイズは100MB、展開すると1.4GBほどになります。

```
# tar xf linux-4.20.tar.xz
```

tarballにはLinuxカーネルのソースコードが含まれていますが、gitリポジトリの履歴は含まれていません。ソースコードの全検索をしたり、テキストエディタでタグジャンプしたりしながら読むことに適しています。

ソースコードの参照方法②

ブラウザからソースコードを参照することもできます。インターネットが接続できる環境があれば、いつでもどこでも手軽に見られるので便利です。

「The Linux Kernel Archives」サイトの［browse］をクリックすると、下記の画面に遷移します。

■ SECTION-003 ■ Linuxカーネルのソースコードの見方

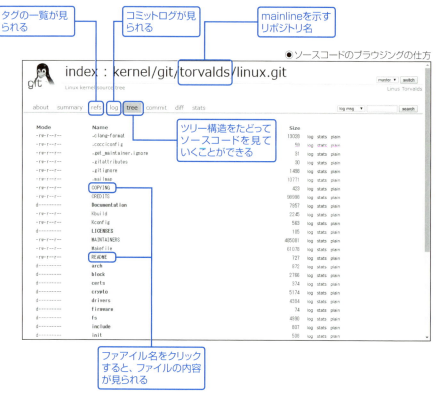

●ソースコードのブラウジングの仕方

gitリポジトリの履歴を見ることができるので、特定の処理の修正内容を素早く確認したい場合には、ブラウザで見る方法が便利です。本書で採用しているのも、この方法です。

たとえば、「kernel/panic.c」というファイルの履歴を見たい場合は、「tree」→「kernel」とたどり、「panic.c」がある行を探します。その行の右端にある「log」をクリックすることで、「kernel/panic.c」というファイルのコミットログを参照することができます。

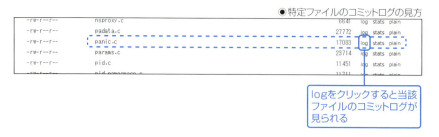

●特定ファイルのコミットログの見方

■ SECTION-003 ■ Linuxカーネルのソースコードの見方

1つのコミットログの画面では、どのような修正がなされたかがわかるようになっています。

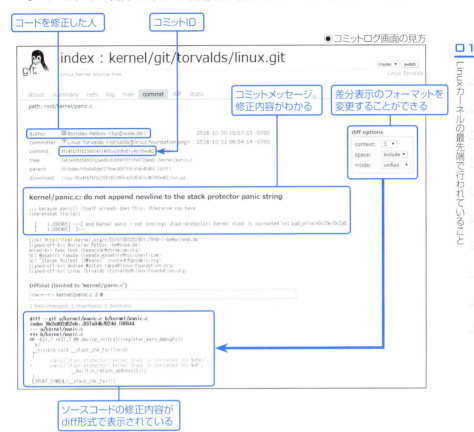

● コミットログ画面の見方

上記の例では、committer（コミットした人）がリーナス氏になっているのは、「kernel/git/torvalds/linux.git」というブランチがリーナス氏の管理だからです。ソースコードを修正したのはauthorの人になります。authorに注目すると意外な企業の方であったりするので面白いです。

修正内容はコミットメッセージを読むとわかるようになっていますが、修正した人（author）により説明の詳しさがまちまちなので、ソースコードの修正内容と合わせて読むと理解度が深まります。

右側にある「diff options」でソースコードの差分表示を変更することができます。contextはデフォルト3になっており、修正行を含めて前後の行を表示する数です。デフォルトでは修正行の前後に1行ずつ表示されます。修正行はマイナス（-）で元の修正を削除、プラス（+）で修正を追加したという意味です。

modeはデフォルトでunifiedであり、差分表示がunified diffと呼ばれる形式になっています。modeをssdiffに変更すると、左右2画面で差分が見られます。

25

gitではコミットごとにコミットIDという40文字の文字列が付与されます。commit行にある「95c4fb78fb23081472465ca20d5d31c4b780ed82」のような文字列のことです。この実体はSHA-1ハッシュで20バイトの数値になります。コミットIDがわかる場合は、下記のようにブラウザのURL欄で「id=コミットID」と指定することで、該当するコミットメッセージに飛ぶことができます。

> **URL** https://git.kernel.org/pub/scm/linux/kernel/git/stable/linux.git/commit/?h=v4.20.1&id=95c4fb78fb23081472465ca20d5d31c4b780ed82

参考までに、ソースコードの差分の意味は「panic関数の第1引数の文字列から、末尾の改行コード(¥n)を削除した」になります。削除した理由としては、panic関数の中で自動的に改行が付与されるから、重複になっていたということです。C言語を知らなくても、こういった単純な修正であれば、なんとなく意味がわかることが多いです。

CODE kernel/panic.c

```
-    panic("stack-protector: Kernel stack is corrupted in: %pB¥n",
+    panic("stack-protector: Kernel stack is corrupted in: %pB",
```

■ソースコードの参照方法③

　Linuxカーネルのソースコードはgitで管理されているので、gitを使うことでソースコードの取得や参照が行えます。ちなみに、gitといえばMicrosoftに買収されたGitHub(ギットハブ)が有名ですが、LinuxカーネルはGitHubではなく「git.kernel.org」で管理されています。

　最初にソースコードを取得する必要がありますが、stableブランチを取ってくるには下記コマンドを実行します。この操作をクローン(clone)といいます。CVS(Concurrent Versions System)やSVN(Subversion)といったリポジトリ管理ツールではチェックアウトと呼ばれる操作に近いですが、厳密にはクローンとは異なります。CVSやSVNは中央集中管理方式のため、リポジトリの管理データがリモートにあり、チェックアウトではソースコードのみが取得されます。しかし、gitは分散管理方式であるため、リポジトリの管理データもローカルに取得されるのです。つまり、ローカルで履歴を参照することができるというメリットがあります。

　gitのコマンド引数に「git://git.kernel.org/~」とある長い文字列は、「The Linux Kernel Archives」サイトのGIT(https://git.kernel.org/)をクリックするとリポジトリの一覧が出てくるので、その中から選び指定します。

```
# git clone git://git.kernel.org/pub/scm/linux/kernel/git/stable/linux-stable.git
```

　トータルで2.7GBの容量があるのでクローンには長時間かかります。もし、クローンを短時間で済ませたい場合は、取得する履歴情報を限定するというやり方があります。オプションに「--depth=数字」を付けると、履歴情報つまりコミットログを指定した数だけに限定することができ、クローン処理が高速化されます。これをshallow cloneといいます。「--depth=1」だとコミットログが1つだけ、「--depth=100」だとコミットログが100個までとなります。当然のことながら、取得したコミットログよりも古いものを参照することはできません。

SECTION-003 ■ Linuxカーネルのソースコードの見方

```
# git clone --depth=100 git://git.kernel.org/pub/scm/linux/kernel/git/stable/linux-stable.git
```

shallow cloneからは、通常のクローンに戻すには下記コマンドでできますが、再度すべての履歴情報を取得しにいこうとするので長時間かかることになります。

```
# git fetch --unshallow
```

クローンはリモートにある情報をローカルに複製するのですが、リモート側が更新された場合、ローカルの情報を更新するには下記コマンドで行います。

```
# git fetch
```

ブラウザからはコミットログは1つずつクリックして見るしかありませんでしたが、下記コマンドを使えば一括して見ることができます。

```
↓kernel/panic.cのコミットログを出力する
# git log kernel/panic.c

↓kernel/panic.cのコミットログをソースコードの差分付きで出力する
# git log -p kernel/panic.c

↓v4.20タグにおけるkernel/panic.cのコミットログをソースコードの
  差分付きで出力する。タグは「git tag」でわかる。
# git log -p v4.20 -- kernel/panic.c
```

コミットIDがわかっている場合は、下記コマンドで該当するコミットログを出力することができます。

```
# git log b49dec1cf8ff1e0b204dd2c30b95a92d75591146
```

コミットIDは40文字（20バイト）もあって、人間には使いづらいところがありますが、先頭から4～8文字だけでも、該当するコミットを特定することができます。短すぎる場合は一発で特定ができませんが、候補がリストアップされます。

```
# git log e82b
error: short SHA1 e82b is ambiguous
hint: The candidates are:
hint:    e82b090b80a4 commit 2011-08-31 - OMAP: DSS2: DISPC: improve dispc_mgr_enable_
digit_out()
         :
         :
# git log e82b0b
commit e82b0b3828451c1cd331d9f304c6078fcd43b62e
Author: Lukas Wunner <lukas@wunner.de>
Date:    Thu Nov 8 08:06:10 2018 +0100
         :
         :
```

■SECTION-003 ■ Linuxカーネルのソースコードの見方

　なお、Linuxカーネルはソースコードとともに「ChangeLog-4.20」のようなファイルが付属していますが、実はこのファイルは「git log」の結果そのものです。

SECTION-004

Linuxカーネルの最先端を見る

本節では、Linuxカーネルの最先端で行われていることを見ていきます。

新機能追加

Linuxカーネルではmainlineブランチで新機能が追加されるのが一般的です。新機能を追加する場合、もともとのソースコードを大きく改造しないといけないことがほとんどなので、安定性を重視するstableブランチで追加されることはありません。また、大きく改造すると、もともと動いていた機能が動かなくなることがあるので、コードレビューやテストを十分に実施して品質を高める必要があります。

どんな機能が追加されたのかはソースコードを見るのが一番なのですが、ソースコードの規模が大きく見るのも大変です。mainlineブランチからのリリースはリーナス氏が行っていて、氏のリリース通知を見ると、新機能の概要を知ることができます。リリース通知はLKML（Linux Kernel Mailing List）で出されます。たとえば、バージョン4.20のものは下記から参照できます。新機能は「support」という英単語がある箇所が概ね該当します。

- Linux 4.20 released
  URL https://lkml.org/lkml/2018/12/23/187

LWN.netというサイトでも同情報が公開されています。ちなみに、LWNはLinux Weekly Newsの略でしたが、今では使われません。なぜならば、Linux以外のトピックスも取り上げられること、週単位ではなく、ほぼ毎日更新されるようになったからです。

- Linux 4.20 released
  URL https://lwn.net/Articles/775486/

バグ修正

「どんなソフトウェアには必ずバグがある」という名言がありますが、当然Linuxカーネルも対象です。オープンソースソフトウェアはソースコードが一般公開されているので、プロプライエタリなソフトウェアと比べて、人の目の数が多いので品質が良いといわれることもありますが、だからといってバグゼロというわけではありません。

mainlineブランチやstableブランチ、どのブランチでもバグ修正は行われています。Linuxカーネルはオープンソースなので、どんな不具合がどのようにして修正されているかを知ることができます。しかも、Linuxカーネルは原則ボランティアベースであるものの、現場のプロの方々による修正が多く入っています。修正作業をされている方々はお遊びではなく、仕事として取り組んでいるので、プロの修正が無償で見られることは実はすごいことなのです。

プログラマー（ソフトウェア開発者）が品質に関するスキルを高めるためには、どういったソースコードの書き方をするとバグを踏みやすいかを知ることです。プログラマーは自分が作ったプログラムを正しいものと思って実装しているので、なかなか自分で作り込んだバグには気付かないものなのです。そこで、どういった作り方をすると品質を高めることができるのかは、品質が下がりそうな作り方をしないというパターンを多数覚えることです。ダメなソースコードの書き方をたくさん知ることで、自ずと品質の高い書き方ができるようになっていきます。そのためには、自分が作ったソースコードを何度も眺めるよりも、他人が作ったソースコードでどんなバグ修正が行われているのかを見るのが経験になります。

本書で取り上げるトピックスもこの考え方に基づき、stableブランチでの修正に着目していきます。

■ セキュリティアップデート

昨今は機器がネットワークに接続されることが一般的となってきましたが、それに合わせてソフトウェアのセキュリティ問題もクローズアップされるようになりました。セキュリティ問題といっても、実際にはソフトウェアのバグに含まれるのですが、セキュリティに関係するバグは別扱いされることもあります。

Linuxカーネルにおけるセキュリティに関係するバグというのは、たとえば下記に示すようなものです。これらのバグのことを脆弱性（ぜいじゃくせい）とも呼びます。

- 一般ユーザーが不正にroot権限を取得できる（ローカル特権昇格）
- バグを利用してカーネルをクラッシュさせることができる（システム緊急停止）
- バグを利用してカーネルの動作を非常に遅くさせることができる（DoS攻撃を許す）
- 一般ユーザーが不正にカーネル内の情報を取得できる（情報漏洩）
- 暗号データが不正に解読できる（情報漏洩）

当然、これらの問題がLinuxカーネルに潜在している場合、修正されます。もし、Linuxカーネルを採用しているシステムがインターネットに接続されることがあるのだとしたら、速やかにカーネルを更新する必要があるでしょう。

なお、Linuxカーネルに限らずソフトウェアにセキュリティ問題があったとしても、その問題の発生条件により、深刻さが変わってきます。誰でもツールを使えば、容易に問題が引き起こせる場合は重要度大ですが、非常に複雑な条件を満たさないと発生しないような問題の場合は重要度は小さくなります。

こういったセキュリティ問題の修正内容をソースコードレベルで理解できるようになると、ベンダーの情報のみを当てにしなくとも、問題の発生条件や発生頻度、重要度などが自分でもわかるようになります。

改善

　ソフトウェアの機能追加でもバグ修正でもないけれど、ソースコードの作りをきれいに変更することがあります。このことを改善やリファクタリングといいます。プログラムというものはとりあえず動けばいいというものではなく、今後長年にわたってメンテナンス（保守）していかないとなりません。

　また、Linuxカーネルの開発者は最初から最後まで同じ人が携わるということはあまりありません。そのため、プログラムを最初に作った人とは別の人が、ソースコードを改修できる必要があります。そのためには、プログラムの作りがきれいになっていないといけないのです。

　「作りをきれいにする」ということはどういうことかというと、誰が見てもプログラムの動きがわかるようにするという意味です。たとえるなら、手書きで書かれた汚い文章は第三者には読み取れないことがありますが、清書することで誰にでも読めるようにすることと同じです。プログラムのソースコードはキーボードから打ち込むので、1つひとつの文字は誰にでも読めますが、プログラムの動作は作った人の思考そのものなので、難しい思考をしていると、必然的にプログラムの作りも複雑になります。作りが複雑だと、読み解くのに非常に時間がかかるので、結果としてメンテナンスができないということになります。なぜならば、開発者の工数は有限だからです。

　以上の理由により、Linuxカーネルでは改善に関する修正も行われています。

ドキュメント修正

　Linuxカーネルにはソースコード以外にもドキュメントも含まれているため、ドキュメントに対する修正も適宜行われています。Linuxカーネルは昔からドキュメントがほとんどなく、ソースコードしかない文化であるといわれてきましたが、最近ではドキュメントが充実してきています。やはり、ドキュメントも長年にわたってメンテナンスされてきたということだといえます。

CHAPTER 02

ソフトウェアの品質確保の仕方

本章では一般的なソフトウェア開発における、ソフトウェアの品質確保の方法について説明します。

SECTION-005

ソフトウェアの品質とライセンス

本節ではLinuxカーネルに限定せず、一般的なソフトウェアも含めてソフトウェアの品質について考えていきます。

■ 品質とは何か

モノの品質（Quality）といった場合、私たちの身近にあるものとして機器が壊れにくい、長年使い続けることができることを「品質が良い」という言い方をします。購入したばかりの機器を初めて使おうとして、うまく動かなかった場合は「初期不良」という扱いになりますが、しばらく使っていて比較的早くに故障したら「品質が悪い」という言い方に変わります。

目に見えるハードウェアの場合における品質という考え方は、だいたいこのような感じです。故障するまでの期間が長いか短いかは、人により感覚が異なりますが、最低5年は使うつもりで買ったものが1年目で壊れたら、「もう壊れた！　品質がよくない！」と言う人がほとんどでしょう。

では、ソフトウェアの品質といった場合だとどうでしょうか？

Windowsのアプリケーションやスマホのアプリを使っていて、ソフトウェアが強制終了したり、突然操作ができなくなったりすると「品質が悪い」と言われます。

つまり、ユーザーがソフトウェアを使えない状態になるか、ならないかで品質の善し悪しが決まるともいえます。一般人の品質に関する認識はこのようなレベルです。特に、日本人は世界一品質にうるさい人種といわれていて、ちょっとでも製品に不具合があると発売元にクレームを上げる人もいます。

ソフトウェアが有料だったならば、文句を言いたくなる気持ちもわからないでもないですが、無料で使っているにもかかわらずクレームを上げる人が多いのも、日本人の気質です。スマホアプリのコメント欄を見てみるとよくわかります。

■ Linuxカーネルの品質

ここではLinuxカーネルの品質について考えてみることにします。

LinuxカーネルはLinuxというOSの中核なので、直接ユーザーには見えないところで動作します。そのため、Linuxカーネルに求められる品質としては、次の2点に尽きます。

- 安定して動作すること
- セキュリティ問題がないこと

Linuxはサーバーや組み込み機器といった長時間かつ連続で稼働するところに導入されることが多いので、安定して動作し続ける必要があります。AndroidスマホのOSはLinuxで、時々スマホが突然リブートすることがありますが、これはLinuxがカーネルパニックしているか、応答不能になってWDT（番犬タイマー）でリセットされているということだと思われます（故障のケースもある）。スマホが時々リブートするぐらいなら許されるかもしれませんが、サーバーや組み込み機器では許されないことがほとんどです（Androidの品質が良くないというわけではない）。

また、安定稼働には問題ないものの、何らかのセキュリティホールが潜在していて、かつ機器がインターネットにつながるのであれば、Linuxカーネルのセキュリティ問題を速やかに処置する必要があります。これも品質問題です。

セキュリティのパッチを適用するために、Linuxを再起動したら、うまくリブートしてこないとか、やたらと再起動に時間がかかるといったことがあれば、それも品質問題です。

つまるところ、ユーザーのサービスを停止させない、停止時間を最短にすることが重要であるということです。Linuxをデスクトップマシンとして使っている場合、時々クラッシュしてもユーザーは文句は言わないものですが、人の目に見えないところで、縁の下の力持ち的に動作しているものに対しては絶対安定が求められます。社会インフラにより深く入り込んでいくほど、高い品質が要求されます。

品質保証

ソフトウェアに関しては、商用製品は品質に関する責任を発売元が持つ必要があります。責任範囲は発売元で決めることができ、製品に瑕疵責任に関する文書が付属しています。パッケージ製品ではない場合は、ソフトウェアのインストール時に文書が表示されて、ユーザーに同意を求めるようになっていることが一般的です。

しかし、フリーソフトやオープンソースソフトウェアは無償で提供されていることが多く、無保証(as is)であることがほとんどです。ソフトウェアに付属するドキュメントを読むと、無保証であることが記載されています。

このことはソフトウェアの開発者を法的に守る意味があります。フリーソフトや無償のオープンソースソフトウェアをユーザーが利用したことで、何らかの事故や障害が起きたとしても、開発者は何ら責任を負わなくてよいことを明示しておかなくてはなりません。そうしなければ、ユーザーから損害賠償を請求されかねません。

Linuxカーネルに関しても同様です。

Linuxカーネルは世界中の社会インフラに入り込み、私たちの生活を支えていますが、オープンソースソフトウェアとして公開されていて、Linuxカーネルの開発者は責任を持ちません。Linuxカーネルを製品に採用した企業が責任を持ちます。企業もまたLinuxカーネルのユーザーでもあります。

ライセンス

開発者を守り、ソフトウェアの使用する上での責任範囲を明確にした文書のことをライセンス(license)といいます。世の中にはたくさんのライセンスが存在しますが、Linuxカーネルが採用しているのは「GPL ver2」です。GPL(GNU General Public License)の最新版はver3ですが、Linuxカーネルはver2なので間違えないようにしましょう。

Linuxカーネルのライセンス文書は、ソースコードの中の「LICENSES」フォルダに格納されています。以前はソースコード直下の「COPYING」にライセンスが丸々記載されていましたが、今では参照先が書いてあるだけです。SPDX(Software Package Data Exchange)というのはライセンスの種類を明確にするための識別子(ID)のことで、ファイルの先頭に記載するというルールになっています。

■ SECTION-005 ■ ソフトウェアの品質とライセンス

CODE COPYING

```
The Linux Kernel is provided under:
    SPDX-License-Identifier: GPL-2.0 WITH Linux-syscall-note
Being under the terms of the GNU General Public License version 2 only,
according with:
    LICENSES/preferred/GPL-2.0
With an explicit syscall exception, as stated at:
    LICENSES/exceptions/Linux-syscall-note
```

↓(拙訳)

```
Linuxカーネルは下記ライセンスの元に提供されています。
    SPDXライセンスID: GPL-2.0とLinuxシステムコール注意事項
下記ファイルはGPL ver2の条項のみに従います。
    LICENSES/preferred/GPL-2.0
ただし、システムコールには下記に示す例外があります。
    LICENSES/exceptions/Linux-syscall-note
```

「LICENSES/preferred/GPL-2.0」がGPLのライセンス文そのものです。この中から瑕疵責任に関するキーワードをピックアップしてみます。

CODE LICENSES/preferred/GPL-2.0

```
including an appropriate copyright notice and
a notice that there is no warranty (or else, saying that
you provide a warranty)
```

↓(拙訳)

適切な著作権表示と、無保証であること(もしくはあなたが保証すること)を含みます。

```
                    NO WARRANTY

  11. BECAUSE THE PROGRAM IS LICENSED FREE OF CHARGE, THERE IS NO WARRANTY
FOR THE PROGRAM, TO THE EXTENT PERMITTED BY APPLICABLE LAW.
THE ENTIRE RISK AS
TO THE QUALITY AND PERFORMANCE OF THE PROGRAM IS WITH YOU.  SHOULD THE
PROGRAM PROVE DEFECTIVE, YOU ASSUME THE COST OF ALL NECESSARY SERVICING,
REPAIR OR CORRECTION.
```

↓(拙訳)

　　　　　　　無保証について

11. プログラムは無料で利用することができるので、適切な法が認める限り、プログラムは無保証です。プログラムの品質と性能に関するすべてのリスクは、あなたが負います。プログラムに不具合があった場合は、あなたはすべての改修にかかる工数を負わなければなりません。

Linuxディストリビューションのライセンス

　Linuxカーネルが無保証だとすると、Linuxカーネルを採用しているLinuxディストリビューションはどうなるのでしょうか？

　結論からいうと、無保証になります。Linuxディストリビューションごとにライセンスは異なりますが、Linuxディストリビューションのソースコードは一般公開されるので、ユーザーは自由にソースコードを利用することができます。

　だからこそ、RHELのソースコードをほぼそのままビルドして、CentOSなどのRHELクローンが作れるのです。

　しかし、業務としてLinuxディストリビューションを利用したい場合、すべての責任をユーザー側で持つのは現実的ではありません。そこで、RHELやOracle Linuxなどの商用版Linuxディストリビューションでは、有料でサポートを行うという方式を取っています。ソースコードは無料で公開するけれど、サポートで利益を出すというビジネスモデルです。

システムコールのライセンス

　COPYINGファイルの中でシステムコールに関する例外が記載されているので、「LICENSES/exceptions/Linux-syscall-note」ファイルを見てみることにしましょう。

CODE LICENSES/exceptions/Linux-syscall-note

```
   NOTE! This copyright does *not* cover user programs that use kernel
services by normal system calls - this is merely considered normal use
of the kernel, and does *not* fall under the heading of "derived work".
Also note that the GPL below is copyrighted by the Free Software
Foundation, but the instance of code that it refers to (the Linux
kernel) is copyrighted by me and others who actually wrote it.

Also note that the only valid version of the GPL as far as the kernel
is concerned is _this_ particular version of the license (ie v2, not
v2.2 or v3.x or whatever), unless explicitly otherwise stated.

		Linus Torvalds
```

↓（拙訳）

注意！　この権利は、システムコールというカーネル機能を使う、ユーザープログラムには適用されません。このことはカーネルの通常使用のみに適用され、派生著作物に対しては対象外となります。
また、GPLはFree Software Foundationによりライセンスされていますが、Linuxカーネルのことを示しているソースコードに関しては、当方(Linus Torvalds)および協同開発者がライセンスを保持します。

さらに、カーネルに関する限りGPLの唯一正当なバージョンは、特に明記しない限りv2であり、v2.2やv3.xなどではありません。

　　　　　リーナス・トーバルズ

何が言いたいかというと、Linuxカーネルのシステムコールを使うglibcやアプリケーションといったユーザー空間で動作するプログラム（ユーザープログラム）に対しては、GPLライセンスが適用されないということです。つまり、glibcやアプリケーションはGPLにする必要がないので、好きなライセンスを付与することができるので、特に商用利用では都合がよくなります。

　反対に、Linuxカーネルそのものに手を入れる場合は、改修したソースコードはLinuxカーネルと同じGPLライセンスが適用されることになります。カーネルモジュール（デバイスドライバ）は動的に組み込みおよび取り外しが行えるので、GPL以外のライセンスにすることもできなくもないですが（グラフィックドライバがGPLでないことがあります）、Linuxカーネルの開発者から忌み嫌われるので、GPLにしておくのが望ましいです。

　Linuxを業務利用する場合、すべてのプログラムのソースコードを公開しなければならないというルールであれば、機密事項がある業務開発では実質的にLinuxの業務利用が不可能であるということになります。世の中には企業秘密がたくさんあり、企業には利害関係があるので、すべての技術をオープンにするということはありえないのです。

　Linuxがここまで業務領域に進出できたのも、リーナス氏が定めた例外のライセンスがあったことが大きいといわれています。

　ちなみに、システムコールというのはユーザープログラムがLinuxカーネルの機能を呼び出すことができる仕組みのことです。システムコールをまったく使わずに、ユーザープログラムを作ることもできますが、プログラムでできることが大きく制限されます。

SECTION-006

ソフトウェアの品質確保

本節ではソフトウェアの品質確保の方法について考えていきます。

ソフトウェアには必ずバグは潜在しているとはいえ、さすがにバグだらけの状態でリリース（ユーザーの元に届けること）するわけにはいかないでしょう。有償のソフトウェアならまだしも、無償のソフトウェアだから品質が低くてよいというわけではないです。無償だから品質が高くなくてもよいとは一概にいえないのです。ただし、ユーザーがお金を払っているかいないかという観点だけでは、区別は難しいのです。

- 有償のソフトウェアだから高品質である必要がある(?)
- 無償のソフトウェアだから多少品質が良くなくてもよい(?)

無償のソフトウェアという定義も曖昧なのですが、たとえば個人でフリーソフトやオープンソースソフトウェアを開発していたとした場合、ソフトウェアの不具合があったとしても特に問題となることはないでしょう。心ないユーザーから開発者が個人攻撃されるというのはあるかもしれませんが、その程度の話です。

次に、FirefoxやChromeなどのブラウザだとどうでしょうか？

これらのブラウザは無償扱いで、ユーザーからお金を取っていません。しかし、品質は高くある必要があります。なぜならば、ブランドだからです。品質が良くないことで、ユーザーから批判が出たらブランドイメージが下がってしまいます。

また、無償扱いとはいえ、実際にはブラウザの開発元はスポンサー企業からお金をいただいていたり、広告収入があったりするので、開発はお金をかけて行っています。ユーザーから見るとフリーソフトに見えるというだけのことです。

バグの見つけ方

ソフトウェアのバグをどうやって見つけるのかについてですが、一般的には、以下のようにいわれています。

- ソースコードのクロスチェックでバグの8割を見つけることができる
- プログラムのテストで残り2割を見つけることができる

ここで「8:2」の比率はソフトウェアの種別により変わり、「7:3」や「6:4」になることもあります。世の中にはテストしかしないところもありますが、プログラムのテストだけではバグの摘出率が上がらないので、結果として品質も上がりません。

SECTION-006 ソフトウェアの品質確保

そもそも、プログラマーは自分で作ったプログラム(ソースコード)を正しいと思って作っています。ですので自分でプログラムをチェック(セルフチェック)しても、バグを見つけられないのです。しばらく経つと、自分で書いたプログラムの内容を忘れてしまって、他人のプログラムと変わらないので、間を空けてからチェックするとバグを見つけられるようになります。いずれにしてもセルフチェックは無意味としているプロジェクトもあるので、必要可否を判断するのがおすすめです。

第三者がプログラムをチェックすることをクロスチェックやクロスレビューといいますが、このやり方が最もバグを見つけることができます。この第三者のことをレビュアーといいます。クロスチェックがたくさんバグを見つけられるといっても、レビュアーのスキルが足りていないと、思ったほどバグが出ません。

自分でプログラムを書くことはできるけれど、他人の書いたプログラムを読んでバグを見つけることができる人は現場にはなかなかいないので、レビュースキルを保有した人は貴重な人材です。

レビュースキルの不足を補うツールとしてチェックリストがあります。レビュースキルを保有した人が作成し、随時更新しているチェックリストであれば、それを参照しながらレビューすることでより多くのバグを見つけることができます。しかしながら、チェックリストの品質が良くないと、絵に描いた餅で終わります。チェックリストは一度作ったらおしまいではなく、チェックリスト自身を育てていく必要があります。

テストでバグを見つけるのは、実はソースコードをチェックするよりも難しいです。単純なバグで、それが誰がテストしても見つけられるような問題は案外少なく、そうではないバグはテストしても見つからないことがあります。なぜならば、テストする人(テスター)のスキルに左右されるからです。テストには2種類のパターンがあります。

- プログラムの機能が正しく動くことを確認する
- プログラムのバグを見つける

前者はテスト項目表に従って、テストを実施していくだけなので、誰にでもできる作業です。プログラミングはできる人が少ないけれど、テストなら誰でもできるといわれる所以がここにあります。

後者はプログラムのテストをする過程で、バグを摘出することが目的です。プログラムのソースコードを見ずにテストをするので、ブラックボックステストと呼ばれます。テスターはプログラムとしての仕様(あるべき姿)を把握しておく必要はありますが、プログラムを動かしてみて何か違和感を感じ取れないと、問題を見つけることができないので感性が要求されます。

誰が見ても明らかにプログラムが誤動作しているのに、それを見て問題だと気付かない人はテスターには向いていないです。テストは開発工程の最終段階なので、最後の砦です。テストで問題を摘出できなかったら、次に問題が出るのはユーザー先です。そういう意味ではテストで問題を見つけられる人は貴重な人材です。

影響範囲の見極め

プログラムに何らかの問題が見つかり、ソースコードを修正することになった場合、品質を落とすことなく、バグ修正をする必要があります。ただ何も考えずに見つかったバグを直せばよいというものではないのです。

その理由としては、プログラマーの頭の中にすべてのソースコードの内容が入っているわけではないので、その都度、ソースコードの内容を確認して、プログラムの動きを調べることになります。その過程で問題の修正方法を考えていくのですが、ソースコードの規模が大きいほど見落としが起きやすいのです。

見落としがあると、バグの修正をしたはずなのに、完全に問題が直っていない、もともと動いていた箇所が誤動作する、といった結果になります。特に後者のことをデグレード（degrade）やレグレッション（regression）、エンバグ（enbug）という呼び方をします。海外で作られているソフトウェアのリリース通知や改版履歴に「regress」という単語が出てきたら、このことを指しています。

いずれにしてもバグ修正を行う際は影響範囲を見極める必要があるということです。このスキルは独学では習得が難しく、現場で経験を積むことが大切です。

ここで具体的な例を見てみましょう。

以下はLinuxカーネル4.20.3（stableブランチ）でのバグ修正の1つです。

```
コミットID: 92995f57f3a09e08ccf99408d936725553403dc0
URL:
https://git.kernel.org/pub/scm/linux/kernel/git/stable/linux.git/commit/?h=v4.20.3&id=92995f57f3a09e08ccf99408d936725553403dc0

i2c: dev: prevent adapter retries and timeout being set as minus value

commit 6ebec961d59bccf65d08b13fc1ad4e6272a89338 upstream.

If adapter->retries is set to a minus value from user space via ioctl,
it will make __i2c_transfer and __i2c_smbus_xfer skip the calling to
adapter->algo->master_xfer and adapter->algo->smbus_xfer that is
registered by the underlying bus drivers, and return value 0 to all the
callers. The bus driver will never be accessed anymore by all users,
besides, the users may still get successful return value without any
error or information log print out.

If adapter->timeout is set to minus value from user space via ioctl,
it will make the retrying loop in __i2c_transfer and __i2c_smbus_xfer
always break after the the first try, due to the time_after always
returns true.
```

```
↓(拙訳)

i2c: dev: アダプタのリトライ回数とタイムアウト値に負数を設定できないようにします

コミットID 6ebec961d59bccf65d08b13fc1ad4e6272a89338 は本流にあります。

もし構造体メンバー adapter->retries にIOCTLを使ってユーザー空間から負数が設定できたとすると、
__i2c_transfer と __i2c_smbus_xfer 関数が、下位のバスドライバによって登録される adapter->algo-
>master_xfer と adapter->algo->smbus_xfer を呼び出せないようになります。その結果、関数は常に0を
返します。
バスドライバが呼び出されることはまったくなくなってしまいます。さらに、ユーザーにはエラーなど
の情報を出力することなく、関数が成功したかのように見えます。

もし構造体メンバー adapter->timeout にIOCTLを使ってユーザー空間から負数が設定できたとすると、
__i2c_transfer と __i2c_smbus_xfer 関数は常にループの1回目で抜けることになります。なぜならば、
time_after 関数が常に真を返すからです。
```

I2C（アイツーシー: Inter-Integrated Circuit）というデバイスドライバのバグ修正です。I2Cというのは組み込み機器で使われるバスの規格で、パソコンやサーバーで動くLinuxが扱うことはありません。組み込み機器の制御ソフトウェア（ファームウェア）としての組み込みLinuxでは定番です。

コミットメッセージにはいろいろと書いてあり、詳細を把握するにはソースコードを読まないとわからないですが、端的にいうと「変数に負数を設定されると期待外の動作をする」という問題です。その問題を回避するために、負数を設定できないようにしたということです。

「commit 6ebec961d… upstream」という一文がありますが、これは同じ修正内容を別のブランチ（upstream）にも適用しましたよという意味です。コミットIDからどのブランチに適用されているかを知りたい場合は、「git name-rev」コマンドが使えます。下記例では「v5.0-rc2」というブランチであることがわかります。Linuxカーネル4.20の次のバージョンが5.0であり、リリース候補版（RC: Release candidate）という意味です。

```
# git name-rev 6ebec961d59bccf65d08b13fc1ad4e6272a89338
6ebec961d59bccf65d08b13fc1ad4e6272a89338 tags/v5.0-rc2~14^2~1
```

コミットメッセージの末尾にdiff（ソースコードの修正差分）があるので、修正内容を見てみましょう。先頭行にプラス（+）とあるのは、新規に追加された行という意味です。

CODE drivers/i2c/i2c-dev.c

```
  static long i2cdev_ioctl(struct file *file, unsigned int cmd,
                           unsigned long arg           …①
                          ){
         :
         :
     case I2C_RETRIES:
+        if (arg > INT_MAX)                          …②
+            return -EINVAL;
+
         client->adapter->retries = arg;             …③
         break;
     case I2C_TIMEOUT:
+        if (arg > INT_MAX)                          …④
+            return -EINVAL;
+
         client->adapter->timeout =                  …⑤
             msecs_to_jiffies(arg * 10);
         break;
         :
         :
  }
```

i2cdev_ioctl関数ではargという引数を受け取ります（①）。argはunsigned longという無符号データ型であることに注目しましょう。ソースコードが32bit環境向けにコンパイルされていれば4バイト（32bit）、64bit環境向けであれば8バイト（64bit）の大きさを持ちます。

③でretriesという構造体メンバーにargの値を代入していますが、retriesのデータ型はintです。intは32bitおよび64bit環境いずれにおいても4バイトの大きさで、符号型であることがポイントです。

CODE include/linux/i2c.h

```
  struct i2c_adapter {
         :
         :
      int timeout;          /* in jiffies */
      int retries;
         :
         :
  };
```

argからretriesへの代入処理において、データ型が異なることがバグの原因です。retriesは最大31bitまでの数値しか扱えませんが、argはそれ以上の数値を扱うことができます。31bitまでの数値が具体的にいくつなのかは、bcコマンドで簡単に計算できます。つまり、intは「-2147483648〜2147483647」までです。

```
# bc -ql
2^31
2147483648
```

もし、intに2147483647より大きな数値を代入しようとすると、32bit目が立つことになるので、その瞬間から負数になります。intの32bit目はMSB（Most Significant Bit）といって、0なら正数（0以上の値）、1なら負数（0未満の値）という意味を表します。

この問題を修正する方法としては2つあります。timeoutメンバーに関しても同様です（④と⑤）。

1 retriesに2147483647より大きな値を代入しないようにする
2 retriesのデータ型をintからunsigned longに変更する

どちらの修正でも問題は直ります。実際の修正では前者が採用されていますが、後者の修正は影響範囲が大きいので採用されていないのだと思われます。

では、なぜ後者の修正だと影響範囲が大きくなるかを考えてみましょう。retriesのデータ型を変更するだけですが、64bit環境ではi2c_adapter構造体のサイズまで変わります（4バイト増えます）。そのため、構造体のサイズが大きくなっても問題ないかをチェックする必要が出てきます。また、retriesを使用している箇所にも問題ないかをチェックする必要があります。当然、テストする量も増えます。

retriesを使用している箇所を洗い出すのも、結構面倒です。Linuxカーネルの全ソースコードを対象に「retries」というキーワードで検索すると、i2c_adapter構造体のメンバーではない箇所もヒットしてしまうからです。

検索対象を、構造体が定義されている「i2c.h」というヘッダファイルをincludeしている箇所に絞るという案もありますが、ヘッダファイルを間接的にincludeしているヘッダファイルもあったりするので、検索漏れが起こります。

i2c_adapter構造体のメンバー名を変更して、意図的にコンパイルエラーを起こして、メンバーの使用箇所を見つけ出すという方法もあります。

熟練のプログラマーでも、キーワードからソースコードを確認するという作業は手間がかかるもので、なかなか効率化できないところでもあります。

```
./arch/arm/mach-s3c24xx/mach-h1940.c:527:        int value, retries = 100;
./arch/arm/mach-s3c24xx/mach-h1940.c:534:              } while (value && retries--);
./arch/mips/include/asm/mach-au1x00/au1000.h:583:#define PCI_TIMEOUT_RETRIES(x)    ((((x) & 0xff) << 8)      /* max retries */
./arch/mips/include/asm/sn/sn0/hubni.h:114:#define NGP_MAXRETRY_SHFT    48          /* Maximum retries       */
./arch/mips/kernel/cevt-r4k.c:44: * unpredictable hypervisor latency (which can be handled by retries).
                         :
                         :
```

修正量は最小にする

バグ修正を行う際は、修正量を極力少なくする必要があります。すでに正常に動いているところに手を入れるので、修正量が多いとデグレードリスクが高まるからです。

stableブランチに入れるソースコードに関して、下記ファイルにルールが定められています。その中からバグ修正そのものに関するものをピックアップします。拙訳も付けました。こういったルールが細かく決められているのは、バグ修正による影響範囲を小さくするのが目的です。

CODE Documentation/process/stable-kernel-rules.rst

```
Rules on what kind of patches are accepted, and which ones are not, into the
"-stable" tree:
```
以下は、stableブランチに関してどのパッチが受理されるのか、受理されないのかのルールです。

- It must be obviously correct and tested.
  正しくテストされていなければなりません。

- It cannot be bigger than 100 lines, with context.
  1つのコンテキストにおいて、修正量が100行を超えてはいけません。

- It must fix only one thing.
  たったひとつのバグが修正されていなければなりません。

- It must fix a real bug that bothers people (not a, "This could be a problem..." type thing).
  ユーザーを悩ましている本当のバグが修正されていなければなりません。
  推測でバグ修正をするのはよくありません。

- It must fix a problem that causes a build error (but not for things marked CONFIG_BROKEN), an oops, a hang, data corruption, a real security issue, or some "oh, that's not good" issue. In short, something critical.
  ビルドエラー(CONFIG_BROKENは除く)やOops(カーネルパニック)、ハングアップ、データ破壊、セキュリティ問題、その他の問題。つまり、クリティカルな問題が修正されていなければなりません。

- It cannot contain any "trivial" fixes in it (spelling changes, whitespace cleanups, etc).
  つまらない修正は含めてはなりません。たとえば、スペルミスの修正や空白の調整などのことです。

■ SECTION-006 ■ ソフトウェアの品質確保

▍テスト

ソースコードを修正したら、問題が改善されているかをテストします。プログラムのテストといえば、ソースコードをビルドして実行プログラムを作り、実機で動かすことになります。しかし、一般的にテストというと、以下のように分類されます。

- 単体テスト
- 結合テスト
- 機能テスト
- レグレッションテスト
- システムテスト

これらのテストは開発プロジェクトごとに実施有無が異なり、場合によっては複数のテストをひとまとめにすることもあります。ソフトウェアのテスト手法は昔から存在しますが、組織により文化の違いがあります。Linuxも含めてオープンソースのプロジェクトごとに、テストのやり方もまちまちです。

開発者(プログラマー)は所属するプロジェクトごとに、その文化に合わせて開発やテストを進めていくことになります。

単体テスト(Unit Test)というのは、ソースコードを1行ずつテストしていくことです。前述で取り上げたソースコードでいえば、下記①、②、③の行が期待通りに動くことを1つずつ確認していくということになります。①と②の箇所は普段は通らないパスなので、異常系パスとも呼ばれます。通常、argがINT_MAXより大きくなることはないので、単体テストで確実にパスを通しておく必要があります。異常系パスのテストができるのは、単体テストのみです。

CODE drivers/i2c/i2c-dev.c

```
        case I2C_RETRIES:
+           if (arg > INT_MAX)                  …①
+               return -EINVAL;                 …②
+
            client->adapter->retries = arg;     …③
            break;
```

結合テスト(Integration Test)というのは、モジュール間の動作確認を行うことです。関数のインターフェイスを変更した場合、その関数を呼び出しているところからテストを行い、期待通りに動くことを確認します。前述のソースコードでは、i2cdev_ioctl関数のインターフェイスは変えていないので、特に結合テストは不要としても問題ありません。

機能テスト(Function Test)というのは、プログラムの機能に着目して期待通りに動くかを確認することです。前述のソースコードでは、ユーザープロセスからIOCTL(I/O Control)機能を呼び出すことで、正しくバグ修正できているかを確認することができます。バグ修正の場合、この機能テストそのものが修正確認になります。

実は、機能テストが単体テストに包含される場合もあります。先ほどの単体テストで①、②、③の行をテストしたことで、実質的に機能テストと同等になります。そのため、今回のケースでは機能テストを省略することもできます。

　しかし、ここで注意するべきこととして機能テストは実機で行う必要があるということです。逆にいえば、単体テストは実機でなくともよいのです。たとえば、組み込みLinux（ARM）だった場合、単体テストはx86上で実施してもよいですが、機能テストはARM上で実施しないといけません。

　レグレッションテスト（Regression Test）は退行テストと呼ぶこともありますが、プログラムのバグ修正を行っていない箇所に関して、機能の動作確認を行うことです。つまり、プログラムのバグ修正をしたことで、その修正と関係しない箇所がデグレードしていないかをテストするという意味になります。前述のソースコードでは、IOCTLのI2C_RETRIESとI2C_TIMEOUT以外のコマンドをテストすることで、レグレッションテストとなります。もし、レグレッションテストで問題が発生したら、プログラムの修正方法が間違っている可能性が出てきます。

　システムテスト（System Test）というのは総合的なテストのことで、ユーザー先での運用を想定した大規模なテストを行います。今回の修正はI2Cの箇所なので、組み込みLinuxを実機で動作させて、I2C通信を行い、問題なく動くことを確認していくことになります。

　たかがバグ修正でも、プログラムの重要な部分の修正の場合は、単体テストからシステムテストまできっちり実施しないといけないことがあります。

CHAPTER 03

バグを作り込みやすい
ポイントその1

　本章ではLinuxカーネルのバグ修正の内容を元に、どんなバグを作り込みやすいかについて紹介していきます。

SECTION-007

普段通らないパス

　プログラムのソースコードは、プログラムを動作させている過程において、普段から通るパス（正常系）と、通らないパス（異常系）に分かれます。つまり、プログラムを年中稼働させていたとしても、実際に動作している箇所は全体の3割ほどといわれることもあります。

　このことから考えられることとして、正常系パスは普段から動作して問題がないので、バグは枯れていると見なすことができますが、異常系パスはその限りではないということになります。つまり、普段通らないパスは作り込んだバグがそのまま残っている可能性が高いということです。

　ここで普段通らない　でのバグ修正の例を見てみます。

　下記に示すはI2Cのデバイスドライバのバグ修正です。

```
コミットID: 5f0a93e12376ac29d353c628eb2a75c4bda59887
URL:
https://git.kernel.org/pub/scm/linux/kernel/git/stable/linux.git/commit/?h=v4.17.6&id=5f0a93e
12376ac29d353c628eb2a75c4bda59887&context=10&ignorews=0&dt=0

i2c: smbus: kill memory leak on emulated and failed DMA SMBus xfers

commit 9aa613674f89d01248ae2e4afe691b515ff8fbb6 upstream.

If DMA safe memory was allocated, but the subsequent I2C transfer
fails the memory is leaked. Plug this leak.

        ↓(拙訳)

i2c: smbus: emulated処理でDMA転送が失敗したときのメモリリークを修正しました

コミットID 9aa613674f89d01248ae2e4afe691b515ff8fbb6 は本流にあります。

DMA用メモリが確保された場合、I2C転送が失敗すると、そのメモリがリークします。本修正では、このメモリリークを直しています。
```

　どのようなバグがあったのでしょうか?

　バグ修正前のソースコードを俯瞰してみることにします。問題修正がなされているi2c_smbus_xfer_emulated関数は「drivers/i2c/i2c-core-smbus.c」にありますが、関数が200行もあって、そこそこ長く、流れがわかりづらくなっています。関数の行数が多いと、バグも作り込みやすいという特徴があります。

◉i2c_smbus_xfer_emulated関数のフロー

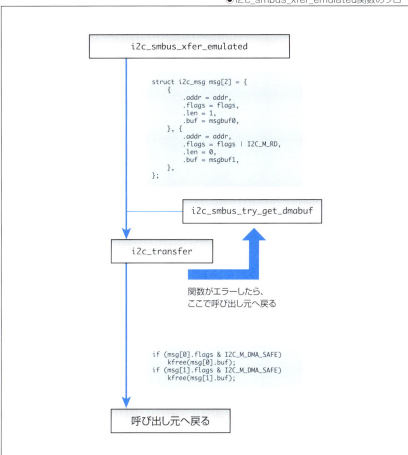

　関数は長いですが、実体としてはi2c_transfer関数を呼び出すだけで、その関数呼び出しの準備が長くなっているだけです。関数の先頭でmsg[]という構造体変数が定義されています。

　i2c_transfer関数ではエラーになった場合、その時点でリターンしています。これが今回の問題点です。

CODE drivers/i2c/i2c-core-smbus.c

```
status = i2c_transfer(adapter, msg, num);
if (status < 0)
    return status;
```

■ SECTION-007 ■ 普段通らないパス

i2c_smbus_xfer_emulated関数の末尾を見ていると、下記のようなコードがあることがわかります。msg[]が特定の条件の場合にkfree()を呼び出しています。

CODE drivers/i2c/i2c-core-smbus.c

```
if (msg[0].flags & I2C_M_DMA_SAFE)
    kfree(msg[0].buf);
if (msg[1].flags & I2C_M_DMA_SAFE)
    kfree(msg[1].buf);
```

kfree()というのはカーネル内で確保したメモリを解放する処理です（Kernel free）。C言語の標準関数のfree()のカーネル版です。free()はC言語の規格（ANSI/ISO）で定義されている関数で、LinuxではglibcというライブラリでActivated実装されています。glibcはユーザープロセス（アプリケーション）専用であるため、カーネル内では利用することができません。

バグというのは、i2c_transfer関数がエラーになった場合、メモリを解放していないということです。LinuxカーネルはC言語で記述されていて、GC（Garbage Collector）が搭載されていないので、解放しなかったメモリは電源を落とすまでカーネル内に残ります。つまり、メモリリーク（Memory leak）するということです。少しくらいメモリリークしていても、運用に影響はないですが、メモリリークする量が肥大化していくと、Linuxカーネル内のメモリが足りなくなり、カーネルが健全に動作しなくなります。

メモリリークという言葉は、特にソフトウェア開発者の間では恐怖のキーワードです。システムのメモリを少しずつ消費していくので、テストしていても気付かないことが多く、ユーザー先で問題となることがあるからです。

ただし、この問題は下記の条件が揃ったときにしか起きません。

- i2c_transfer関数がエラーになる

　　かつ

- msg[]のflagsにI2C_M_DMA_SAFEが立っている

i2c_transfer関数がエラーになるのは、ハードウェア故障でI2Cアクセスが失敗するときくらいなので、通常はエラーになることはなりません。つまり、通常の運用ではi2c_smbus_xfer_emulated関数内でメモリリークは起こることはないのです。このバグはまさに「普段通らないパス」でのみ起こる問題といえるでしょう。

修正方法としては、i2c_transfer関数がエラーになった場合、そのままリターンするのではなく、gotoでi2c_smbus_xfer_emulated関数の末尾にジャンプして、メモリを確実に解放するという修正です。

CODE drivers/i2c/i2c-core-smbus.c

```
status = i2c_transfer(adapter, msg, num);
if (status < 0)
    goto cleanup;

    :
```

```
cleanup:
    if (msg[0].flags & I2C_M_DMA_SAFE)
        kfree(msg[0].buf);
    if (msg[1].flags & I2C_M_DMA_SAFE)
        kfree(msg[1].buf);

    return 0;
```

　goto文を使うことに抵抗がある場合は、以下のようにしてもよいです。ただし、ほかにもreturnする箇所があるので、同様に直さなければなりません。

```
    status = i2c_transfer(adapter, msg, num);
    if (status < 0) {
        if (msg[0].flags & I2C_M_DMA_SAFE)
            kfree(msg[0].buf);
        if (msg[1].flags & I2C_M_DMA_SAFE)
            kfree(msg[1].buf);
        return status;
    }
```

　gotoを使わない場合、returnが複数存在すると、メモリ解放処理も複数必要で冗長になりがちです。特に、Linuxカーネルでは「gotoを使ってはいけない」とはされていないので、結果としてソースコードの作りがきれいになるのであれば、積極的に使うのが望ましいです。gotoを使ったエラーハンドリングは、カーネルプログラミングやデバイスドライバでは定石となっています。

```
関数()
{
    if () {
        メモリ解放処理
        return
    }

    if () {
        メモリ解放処理
        return
    }

    if () {
        メモリ解放処理
        return
    }

    メモリ解放処理
}
```

SECTION-007 普段通らないパス

```
関数()
{
    if () {
        goto label
    }

    if () {
        goto label
    }

    if () {
        goto label
    }

label:
    メモリ解放処理
}
```

　ちなみに、今回の問題はmsg[]変数でメモリが確保されるということがわかりにくい点が、バグを見つけにくくしています。msg[]変数の定義箇所を見ると、bufメンバーにはローカル配列のポインタが設定されています。これだけ見るとbufメンバーが後ほど書き換えられることは想像が付かないことでしょう。

```
unsigned char msgbuf0[I2C_SMBUS_BLOCK_MAX+3]; ①
unsigned char msgbuf1[I2C_SMBUS_BLOCK_MAX+2]; ②

struct i2c_msg msg[2] = {
    {
        .addr = addr,
        .flags = flags,
        .len = 1,
        .buf = msgbuf0,    ※①のポインタをセット
    }, {
        .addr = addr,
        .flags = flags | I2C_M_RD,
        .len = 0,
        .buf = msgbuf1,    ※②のポインタをセット
    },
};
```

　msg[]変数がi2c_smbus_try_get_dmabuf()という関数の引数に渡されていますが、実はこの関数の中でメモリ確保が行われ、bufメンバーが更新されます。

```
i2c_smbus_try_get_dmabuf(&msg[1], 0);
```

kzalloc()というのはカーネルメモリを確保し、メモリの内容をゼロクリアした上でポインタを返します。類似の関数にはkmalloc()があり、こちらもよく使われますがゼロクリアしない点が異なります。C言語の標準関数ではmalloc()に該当するものです。

メモリが確保できない場合はkzalloc()はNULLを返すので、i2c_smbus_try_get_dmabuf()は実質的に何もしないことになります。flagsメンバーにI2C_M_DMA_SAFEが立つこともないので、メモリ解放処理でkfree()が呼び出されることもありません。

CODE drivers/i2c/i2c-core-smbus.c

```
static void i2c_smbus_try_get_dmabuf(struct i2c_msg *msg, u8 init_val)
{
    bool is_read = msg->flags & I2C_M_RD;
    unsigned char *dma_buf;

    ①kzalloc()でカーネルメモリを確保する
    dma_buf = kzalloc(I2C_SMBUS_BLOCK_MAX + (is_read ? 2 : 3), GFP_KERNEL);
    if (!dma_buf)
        return;

    ②カーネルメモリのポインタをbufメンバーに設定する
    msg->buf = dma_buf;
    msg->flags |= I2C_M_DMA_SAFE;

    if (init_val)
        msg->buf[0] = init_val;
}
```

以上より、普段通らないパスに着目してバグを摘出するには、下記の2つの特徴があるかどうかで判断できます。

- 関数がエラーしたときにすぐにリターンしている
- 関数の末尾でリソース解放をしている

SECTION-008

デバイスドライバの取り外し①

　Linuxのデバイスドライバは静的型と動的型に分類できます。

　静的型というのは、デバイスドライバのモジュールが直接カーネル（vmlinuz）にリンクされており、カーネルの起動時にデバイスドライバもいっしょに起動されます。カーネルにリンクされたデバイスドライバが取り外されることはないので、取り外しのことを考慮しなくてもよいのですが、カーネルのサイズが増えるという側面があります。また、デバイスドライバをテストする際、都度カーネルを作り直し、カーネルから起動する必要があるので、デバッグの効率があまり良くないというデメリットもあります。

　動的型というのは、カーネルの動作中にデバイスドライバのモジュールを組み込んだり、取り外すことができます。カーネルを動作させたまま、デバイスドライバのみを更新することができるのが特徴です。デバイスドライバをテストする際も、カーネルから作り直す必要がないので、デバッグの効率が良いというメリットがあります。動的型のデバイスドライバは、ファイル名の拡張子が.ko（Kernel Object）となっており、「/lib/modules/`uname -r`/kernel」配下に格納されています。ディスク容量を抑えるために.koファイルが圧縮されて、「.ko.xz」という拡張子になっている場合もあります。

　そして、デバイスドライバの取り外しというのは非常に制御が難しいので、バグが潜在しやすい箇所でもあります。また、カーネル動作中にデバイスドライバを取り外す機会も少ないため、普段通らないパスでもあります。

　一度組み込んだデバイスドライバを取り外すのは、以下のときになります。

- デバイスが不要になったため、デバイスを取り外すとき
- デバイスドライバ自体を更新するとき

　個人ユースのパソコンであれば、デバイスを活線挿抜することもありますが、サーバーではデバイスは実装したままにするのが一般的です。デバイスの故障交換するときに、OS（カーネル）動作中にデバイスを取り外すことがあります。最近のLinuxはデバイスが削除されると、自動的にデバイスドライバも取り外されるようになっています。

　これとは別に、デバイスドライバそのものに不具合や機能追加があった場合に、デバイスドライバ自身をアップデートすることもあります。

　なお、OSをシャットダウンやリブートする場合は、デバイスドライバはOSに組み込まれた状態で停止します。

■ SECTION-008 ■ デバイスドライバの取り外し①

　動的型のデバイスドライバは別名でカーネルモジュール（Kernel Module）やローダブルカーネルモジュール（LKM: Loadable Kernel Module）とも呼ばれます。lsmodコマンドで現在組み込まれているデバイスドライバの一覧を見ることができます。rmmodコマンドを使えば、デバイスドライバを取り外すことができます。ただし、lsmodコマンドで「Used」列がゼロでないと外せません。この値はデバイスドライバを誰か（ユーザープロセス）が使っていると、1以上の数字になります。

　以下の例では「joydev」が0なのでrmmodコマンドが成功していますが、「nls_iso8859_1」は1なのでコマンドが失敗しています。

```
# lsmod
Module                  Size   Used by
nls_iso8859_1           16384  1
crct10dif_pclmul        16384  0
crc32_pclmul            16384  0
ghash_clmulni_intel     16384  0
pcbc                    16384  0
aesni_intel             188416 0
aes_x86_64              20480  1 aesni_intel
joydev                  24576  0
crypto_simd             16384  1 aesni_intel
            :
            :
# sudo rmmod joydev
# sudo rmmod nls_iso8859_1
rmmod: ERROR: Module nls_iso8859_1 is in use
```

　ここではデバイスドライバ（カーネルモジュール）の取り外し処理におけるバグ修正を見ていくことにしましょう。

```
コミットID: 91a51478835664b2b7e8d136474c887c9e52ddb4
URL: https://git.kernel.org/pub/scm/linux/kernel/git/stable/linux.git/commit/?h=v4.19.7&id=91a51478835664b2b7e8d136474c887c9e52ddb4

lib/test_kmod.c: fix rmmod double free
commit 5618cf031fecda63847cafd1091e7b8bd626cdb1 upstream.

We free the misc device string twice on rmmod; fix this.  Without this
we cannot remove the module without crashing.

        ↓（拙訳）

lib/test_kmod.c: rmmodでの二重フリーを修正しました。

私たちは rmmod コマンドにおいて misc device の文字列を2回解放しています。この修正がないと、クラッシュすることなく、カーネルモジュールを取り外すことはできません。
```

■SECTION-008■ デバイスドライバの取り外し①

　lib/test_kmod.cというのは、テスト対象となるカーネルモジュールの自動ロードおよびアンロードのテストを行うためのもので、lib/test_kmod.c自身もカーネルモジュールです。テストを行うスクリプトは「tools/testing/selftests/kmod/kmod.sh」にあります。このスクリプトを実行することで、「test_kmod」というカーネルモジュールが読み込まれ、テストが開始されます。

　修正された関数はunregister_test_dev_kmod()ですが、test_kmod_exit()から呼び出されています。この関数はmodule_exitマクロで定義されていることで、rmmodコマンドを実行したときに呼び出されます。

CODE lib/test_kmod.c

```
static void __exit test_kmod_exit(void)
{
    struct kmod_test_device *test_dev, *tmp;

    mutex_lock(&reg_dev_mutex);
    list_for_each_entry_safe(test_dev, tmp, &reg_test_devs, list) {
        list_del(&test_dev->list);
        unregister_test_dev_kmod(test_dev);
    }
    mutex_unlock(&reg_dev_mutex);
}
module_exit(test_kmod_exit);
```

　unregister_test_dev_kmod()の内容は以下の通りです。問題の箇所は①と②にあります。

CODE lib/test_kmod.c

```
void unregister_test_dev_kmod(struct kmod_test_device *test_dev)
{
    mutex_lock(&test_dev->trigger_mutex);
    mutex_lock(&test_dev->config_mutex);

    test_dev_kmod_stop_tests(test_dev);

    dev_info(test_dev->dev, "removing interface\n");
    misc_deregister(&test_dev->misc_dev);
    kfree(&test_dev->misc_dev.name);   ①

    mutex_unlock(&test_dev->config_mutex);
    mutex_unlock(&test_dev->trigger_mutex);

    free_test_dev_kmod(test_dev); ②
}
```

　①ではkfree関数を使ってカーネルメモリを解放しています。引数には構造体のnameメンバーが指定されていますが、char型のポインタとなっています。

CODE　include/linux/miscdevice.h

```
struct miscdevice  {
    int minor;
    const char *name;
        :
        :
};
```

　nameメンバーがkfree関数で解放されるということは、どこかでkmalloc関数でカーネルメモリが確保されているということです。探してみると、kasprintfというカーネル関数で確保されていることがわかります。少しわかりづらいですが、kasprintf関数の奥のほうでカーネルメモリを確保しています。関数の返り値がNULLだった場合のエラーメッセージを見ると、なんとなくメモリを確保しそうなことが想像できます。

CODE　lib/test_kmod.c

```
static struct kmod_test_device *alloc_test_dev_kmod(int idx)
{
        :
        :
    misc_dev->name = kasprintf(GFP_KERNEL, "test_kmod%d", idx);
    if (!misc_dev->name) {
        pr_err("Cannot alloc misc_dev->name\n");
        goto err_out_free_config;
    }
        :
        :
}
```

　次に、②のfree_test_dev_kmod関数を見ていきます。関数の中の③に注目してみると、kfree_constという関数でいかにもメモリを解放していそうな感じがします。

CODE　lib/test_kmod.c

```
static void free_test_dev_kmod(struct kmod_test_device *test_dev)
{
    if (test_dev) {
        kfree_const(test_dev->misc_dev.name);    ③
        test_dev->misc_dev.name = NULL;
        free_test_dev_info(test_dev);
        kmod_config_free(test_dev);
        vfree(test_dev);
        test_dev = NULL;
    }
}
```

kfree関数と違うのは、ポインタが.rodataセクションであるときは何もしないという点です。.rodataセクションというのは、const宣言された定数や文字列定数が配置される領域のことです。.rodataセクションに配置されたデータは静的なデータであり、動的に確保されたカーネルメモリではないため、メモリを解放するという操作自体も不要となります。

　nameメンバーには確保されたカーネルメモリへのポインタが設定されるので、①と③の両方でカーネルメモリを解放することになり、期待外の動作となります。通常は同じ領域を2回解放しようとすると、カーネルパニックになります。このことを二重解放や二重フリー、ダブルフリーなどと呼びますが、致命的なバグであり、システムに致命的な障害を与えます。

　この手のバグはベテランのプログラマーでも作り込むことがあるので要注意です。

　本問題の修正としては①のkfree関数の呼び出しが削除となっています。

SECTION-009

デバイスドライバの取り外し②

次の実例を見ていきましょう。

```
コミットID: 55c5c3987809034da781d5e54cc9579543c658d3
URL: https://git.kernel.org/pub/scm/linux/kernel/git/stable/linux.git/commit/?h=v4.16.5&id=55
c5c3987809034da781d5e54cc9579543c658d3

mac80211_hwsim: fix use-after-free bug in hwsim_exit_net
commit 8cfd36a0b53aeb4ec21d81eb79706697b84dfc3d upstream.

When destroying a net namespace, all hwsim interfaces, which are not
created in default namespace are deleted. But the async deletion of the
interfaces could last longer than the actual destruction of the
namespace, which results to an use after free bug. Therefore use
synchronous deletion in this case.

        ↓(拙訳)

mac80211_hwsim: hwsim_exit_net関数のuse-after-freeバグを修正しました
コミットID 8cfd36a0b53aeb4ec21d81eb79706697b84dfc3d は本流にあります。

ネットワークの名前空間を破棄するとき、デフォルトの名前空間で作られていないすべてのhwsimイン
ターフェイスは削除されます。しかし、非同期で動くインターフェイスの削除処理は、実際の名前空間の
破棄する処理よりも長いので、use-after-free(解放後の使用)バグになります。つまり、このケースでは
同期的に削除する必要があります。
```

　無線LANのデバイスドライバにおけるバグ修正ですが、何やら難しい説明が並んでいてよくわからないですね。Linux特有のワークキューという仕組みを知らないと、問題点を理解するのが難しくなっています。

　バグ修正が入る前の、もともとのコードを見てみましょう。hwsim_exit_net関数は終了時に呼び出されるもので、保持していたメモリの解放などを行っていきます。

CODE drivers/net/wireless/mac80211_hwsim.c

```
static void destroy_radio(struct work_struct *work)
{
    struct mac80211_hwsim_data *data =
        container_of(work, struct mac80211_hwsim_data, destroy_work);

    mac80211_hwsim_del_radio(data, wiphy_name(data->hw->wiphy), NULL);
}

static void __net_exit hwsim_exit_net(struct net *net)
{
```

■SECTION-009■ デバイスドライバの取り外し②

```
    struct mac80211_hwsim_data *data, *tmp;

    spin_lock_bh(&hwsim_radio_lock);
    list_for_each_entry_safe(data, tmp, &hwsim_radios, list) {
                :
                :
        INIT_WORK(&data->destroy_work, destroy_radio);   ①
        queue_work(hwsim_wq, &data->destroy_work);       ①
    }
    spin_unlock_bh(&hwsim_radio_lock);
}
```

　①で示した2行に注目してみると、INIT_WORKマクロでdestroy_radio関数を指定し、queue_work関数を呼び出しています。INIT_WORK()もqueue_work()もカーネルに標準搭載されている機能で、ワークキュー（workqueue）と呼ばれます。このワークキューという仕組みを利用すると、指定した関数を遅延実行させることができるのです。

　つまり、destroy_radio関数を①の箇所ですぐに実行するのではなく、hwsim_exit_net関数とは無関係に、任意のタイミングで実行されます。destroy_radio関数を非同期で呼び出すともいいます。非同期はasynchronousでasyncと略し、対語である同期はsynchronousでsyncと略されることもあるので覚えておくといいでしょう。

　hwsim_exit_net関数とは別にdestroy_radio関数が後から実行されることで、どういった問題があるのでしょうか？

　そのことを知るにはhwsim_exit_net関数の呼び出しフローを見ていく必要があります。

　hwsim_exit_net関数はpernet_operations構造体のメンバーとして定義されています。関数名で検索してもほかにはヒットしないので、hwsim_net_opsというグローバル変数を経由して関数が呼ばれるのであろうと想像できます。

CODE drivers/net/wireless/mac80211_hwsim.c

```
static struct pernet_operations hwsim_net_ops = {
    .init = hwsim_init_net,
    .exit = hwsim_exit_net,
    .id   = &hwsim_net_id,
    .size = sizeof(struct hwsim_net),
};
```

　hwsim_net_ops変数は2カ所で使われており、今回着目するのはデバイスドライバの取り外し処理なので、exit_mac80211_hwsim関数になります。exit_mac80211_hwsim()はmodule_exitマクロでも定義されているので（⑤に着目）、rmmodコマンドで呼び出さ、デバイスドライバ自体も終了します。

　hwsim_net_ops変数は③のunregister_pernet_device関数で引数に使われています。

CODE drivers/net/wireless/mac80211_hwsim.c

```
static void __exit exit_mac80211_hwsim(void)
{
    hwsim_exit_netlink();

    mac80211_hwsim_free();
    flush_workqueue(hwsim_wq);      ②

    rhashtable_destroy(&hwsim_radios_rht);
    unregister_netdev(hwsim_mon);
    platform_driver_unregister(&mac80211_hwsim_driver);
    unregister_pernet_device(&hwsim_net_ops);     ③
    destroy_workqueue(hwsim_wq);     ④
}
module_exit(exit_mac80211_hwsim);    ⑤
```

　unregister_pernet_device()は「net/core/net_namespace.c」で定義されています。コミットメッセージに名前空間（namespace）という言葉が出てくるのは、ネットワーク名前空間（Network namespace）という仕組みを使っているからです。

　unregister_pernet_device()の内部で、hwsim_net_ops変数のexitメンバーすなわちhwsim_exit_net関数が呼び出されます。

```
unregister_pernet_device
  unregister_pernet_operations
    __unregister_pernet_operations
      ops_exit_list
        ops->exit(net)
```

　さて、ここで②と④の処理に注目してください。

　hwsim_wqというグローバル変数が引数に使われていますが、①のワークキューで同じ変数が使われていることに気が付きます。②のflush_workqueue関数は、ワークキューに登録された仕掛かり中の処理が完了するまで待つという動きをします。

　④のdestroy_workqueue関数では不要となったワークキューを破棄します。つまり、flush_workqueue()でワークキューで動いている処理をすべて止めてから、destroy_workqueue()を呼び出すという処理を期待しているのが、exit_mac80211_hwsim()なのです。

　そういった作りを期待しているにもかかわらず、unregister_pernet_device()の中でワークキューに登録してしまっているのが問題点となります。

　本問題の修正としては、hwsim_exit_net()でのワークキューの使用をやめて、直接mac80211_hwsim_del_radio()を呼ぶことで、非同期処理をなくすようにしています。

SECTION-010

デバイスドライバの取り外し③

次の実例を見ていきましょう。

```
コミットID: 58940d7855f12381cb44368d106061ff327c0405
URL: https://git.kernel.org/pub/scm/linux/kernel/git/stable/linux.git/commit/?h=v4.20.13&id=5
8940d7855f12381cb44368d106061ff327c0405


cpufreq: scmi: Fix use-after-free in scmi_cpufreq_exit()
commit 8cbd468bdeb5ed3acac2d7a9f7494d5b77e46297 upstream.

This issue was detected with the help of Coccinelle. So
change the order of function calls to fix it.

Fixes: 1690d8bb91e37 (cpufreq: scpi/scmi: Fix freeing of dynamic OPPs)

        ↓(拙訳)

cpufreq: scmi: scmi_cpufreq_exit関数のuse-after-freeバグを修正しました。
コミットID 8cbd468bdeb5ed3acac2d7a9f7494d5b77e46297 は本流にあります。

この問題はCoccinelleにより摘出されました。そこで、関数の呼び出し順番を変更しました。

修正対象: 1690d8bb91e37 (cpufreq: scpi/scmi: Fix freeing of dynamic OPPs)
```

　CPUfreq(CPU Frequency scaling)のデバイスドライバのバグ修正です。CPUfreqというのは、OSの動作中にCPUのクロック周波数を変更することができる仕組みのことです。主に省電力を目的として利用されます。昼間はCPUをフル回転させたいが、夜間はCPUを回転数を落としたいといったケースが想定されます。

　Coccinelle(コチネレ)というのは、フランス語でてんとう虫という単語ですが、Linuxカーネルの静的コード解析ツールです。つまり、本問題は人による目視チェックではなく、ツールで検出された問題ということです。Coccinelleもオープンソース(GPL)です。

　修正対象であるscmi_cpufreq_exit関数において、バグ修正前のコードを見てみましょう。privというポインタ変数がkfree()で解放された後(①)、dev_pm_opp_remove_all_dynamic()の引数で使われています(②)。これは一目瞭然ですね。まさしくuse-after-free(解放後使用)バグです。

　実際に、このコードを動かしてみないとわかりませんが、カーネルパニックでシステムが落ちることになるでしょう。use-after-freeは重大なバグです。

■ SECTION-010 ■ デバイスドライバの取り外し③

CODE drivers/cpufreq/scmi-cpufreq.c

```
static int scmi_cpufreq_exit(struct cpufreq_policy *policy)
{
    struct scmi_data *priv = policy->driver_data;

    cpufreq_cooling_unregister(priv->cdev);
    dev_pm_opp_free_cpufreq_table(priv->cpu_dev, &policy->freq_table);
    kfree(priv);         ①
    dev_pm_opp_remove_all_dynamic(priv->cpu_dev);     ②

    return 0;
}
```

修正は簡単で①と②を入れ替えるだけです。テストも簡単で、デバイスドライバが落ちないことを確認すればよいだけです。

しかし、このようなシンプルなバグがなぜ作り込まれたのでしょうか？

そのヒントはコミットメッセージにある「1690d8bb91e37」というコミットIDにあります。

```
# git name-rev 1690d8bb91e37
1690d8bb91e37 tags/v5.0-rc2~20^2^3~2
```

5.0-rc2で作り込まれたようです。

```
#  git log -p 1690d8bb91e37
          :
          :
@@ -176,7 +176,7 @@ static int scmi_cpufreq_init(struct cpufreq_policy *policy)
 out_free_priv:
        kfree(priv);
 out_free_opp:
-       dev_pm_opp_cpumask_remove_table(policy->cpus);
+       dev_pm_opp_remove_all_dynamic(cpu_dev);

        return ret;
 }
@@ -188,7 +188,7 @@ static int scmi_cpufreq_exit(struct cpufreq_policy *policy)
        cpufreq_cooling_unregister(priv->cdev);
        dev_pm_opp_free_cpufreq_table(priv->cpu_dev, &policy->freq_table);
        kfree(priv);
-       dev_pm_opp_cpumask_remove_table(policy->related_cpus);
+       dev_pm_opp_remove_all_dynamic(priv->cpu_dev);

        return 0;
 }
```

■ SECTION-010 ■ デバイスドライバの取り外し③

　修正コードの差分を見ると、dev_pm_opp_cpumask_remove_table関数をdev_pm_opp_remove_all_dynamicという別の関数の置き換える変更を行っていることがわかります。このとき、関数名を置換することだけが念頭にあり、直前でpriv変数が解放されていることを見落としていたのだと考えられます。

　このように既存のコードを修正する場合は、影響範囲をきちんと確認してから作業に移らないと、思わぬバグを作り込むことになります。

　ここで修正対象となったscmi_cpufreq_exit関数の呼び出しフローについて確認しておきます。scmi_cpufreq_exit()はcpufreq_driver構造体変数のメンバーに、関数ポインタとして設定されているため、scmi_cpufreq_driverという変数を経由して関数が呼び出されることになります。

CODE drivers/cpufreq/scmi-cpufreq.c

```
static struct cpufreq_driver scmi_cpufreq_driver = {
             :
             :
    .init    = scmi_cpufreq_init,
    .exit    = scmi_cpufreq_exit,
             :
             :
};
```

　scmi_cpufreq_driver変数は2カ所で使われています。今回、取り外し処理なので、cpufreq_unregister_driver関数に着目します。

CODE drivers/cpufreq/scmi-cpufreq.c

```
static void scmi_cpufreq_remove(struct scmi_device *sdev)
{
    cpufreq_unregister_driver(&scmi_cpufreq_driver);
}
```

　cpufreq_unregister_driver()は内部での呼び出しが深くなっています。CPUを停止した後、cpufreq_driver構造体のexitメンバーに登録された関数、すなわちscmi_cpufreq_exit()を呼び出しています。

```
cpufreq_unregister_driver
    subsys_interface_unregister
        subsys_dev_iter_exit
            sif->remove_dev()
                    ↓
            cpufreq_remove_dev()
                cpufreq_offline
                    cpufreq_driver->exit()
                            ↓
                        scmi_cpufreq_exit()
```

scmi_cpufreq_remove()はscmi_driver構造体の取り外し（remove）メンバーに登録されており、デバイスドライバが不要になったときに呼び出されることになります。module_scmi_driver()はマクロになっていて、内部でscmi_driver_register()が呼び出され、デバイスドライバがシステムに登録されます。組み込み向けのドライバはmodule_init()を使わずに、こうした専用のマクロを使って登録するようになっていることが見受けられます。

CODE drivers/cpufreq/scmi-cpufreq.c

```
static struct scmi_driver scmi_cpufreq_drv = {
    .name       = "scmi-cpufreq",
    .probe      = scmi_cpufreq_probe,
    .remove     = scmi_cpufreq_remove,
    .id_table   = scmi_id_table,
};
module_scmi_driver(scmi_cpufreq_drv);
```

SECTION-011

デバイスドライバの取り外し④

次の実例を見ていきましょう。

```
コミットID: 49dd3ac5255682f714814776ac6230cf085718dd
URL: https://git.kernel.org/pub/scm/linux/kernel/git/stable/linux.git/commit/?h=v4.16.8&id=4
9dd3ac5255682f714814776ac6230cf085718dd

platform/x86: asus-wireless: Fix NULL pointer dereference
commit 9f0a93de9139c2b0a59299cd36b61564522458f8 upstream.

When the module is removed the led workqueue is destroyed in the remove
callback, before the led device is unregistered from the led subsystem.

This leads to a NULL pointer derefence when the led device is
unregistered automatically later as part of the module removal cleanup.
Bellow is the backtrace showing the problem.

  BUG: unable to handle kernel NULL pointer dereference at (null)
  IP: __queue_work+0x8c/0x410
            :
            :
  Call Trace:
    queue_work_on+0x38/0x40
    led_state_set+0x2c/0x40 [asus_wireless]
            :
            :

Unregistering the led device on the remove callback before destroying the
workqueue avoids this problem.

        ↓(拙訳)

platform/x86: ASUS無線LAN: NULLポインタアクセスを修正しました。
コミットID 9f0a93de9139c2b0a59299cd36b61564522458f8 は本流にあります。
```

LEDデバイスをLEDサブシステムから登録を解除する前に、ASUS無線LANモジュールの取り外し処理(リムーブコールバック)で、LEDのワークキューを破棄しています。

この動作はNULLポインタアクセスを引き起こします。モジュールの取り外し処理よりも後に、LEDデバイスが自動的に登録解除されるときに発生します。
下記は問題が発生したときのバックトレースです。

　障害内容: カーネルはNULLポインタ参照で落ちました

```
命令ポインタ: __queue_work+0x8c/0x410
              :
              :
関数呼び出しフロー:
  queue_work_on+0x38/0x40
  led_state_set+0x2c/0x40 [asus_wireless]
              :
              :
```

この問題を回避するため、ワークキューを破棄する前に、取り外し処理でLEDデバイスの登録解除を行うようにします。

　無線LANドライバの不具合で、そのバグを踏むとシステムがクラッシュするという問題で、コミットメッセージには親切にバックトレースの内容も記載されています。バックトレース（backtrace）というのは、カーネルパニックしたときにカーネル自身が出力する情報のことで、クラッシュした理由、クラッシュした関数名、その関数の呼び出しフロー、CPUレジスタ情報などが含まれており、問題の解析に活用することができます。

　修正前と後のコードを見てみます。asus_wireless_removeという関数が修正対象です。

CODE drivers/platform/x86/asus-wireless.c（修正前）

```c
static int asus_wireless_remove(struct acpi_device *adev)
{
    struct asus_wireless_data *data = acpi_driver_data(adev);

    if (data->wq)
        destroy_workqueue(data->wq);
    return 0;
}
```

CODE drivers/platform/x86/asus-wireless.c（修正後）

```c
static int asus_wireless_remove(struct acpi_device *adev)
{
    struct asus_wireless_data *data = acpi_driver_data(adev);

    if (data->wq) {
        devm_led_classdev_unregister(&adev->dev, &data->led);
        destroy_workqueue(data->wq);
    }
    return 0;
}
```

ワークキュー（data->wq）が存在した場合、destroy_workqueue()でワークキューを破棄する前に、devm_led_classdev_unregister()という関数呼び出しが追加されています。

asus_wireless_remove()はそもそもどこから呼び出されるのでしょうか？

acpi_driver構造体のasus_wireless_driver変数で、メンバーに関数ポインタとして設定されています。

CODE drivers/platform/x86/asus-wireless.c

```
static struct acpi_driver asus_wireless_driver = {
    .name = "Asus Wireless Radio Control Driver",
    .class = "hotkey",
    .ids = device_ids,
    .ops = {
        .add = asus_wireless_add,
        .remove = asus_wireless_remove,
        .notify = asus_wireless_notify,
    },
};
module_acpi_driver(asus_wireless_driver);
```

メンバーはacpi_driver構造体の中のacpi_device_ops構造体のremoveです。removeメンバーはacpi_op_removeというtypedefで型定義されており、実体は関数ポインタとなっています。

CODE include/acpi/acpi_bus.h

```
typedef int (*acpi_op_remove) (struct acpi_device * device);

struct acpi_device_ops {
    acpi_op_add add;
    acpi_op_remove remove;
    acpi_op_notify notify;
};
```

asus_wireless_driver変数はmodule_acpi_driverマクロで定義されていますが、このマクロでデバイスドライバとしての登録を行っています。マクロは下記のコードに展開されます。module_init()とmodule_exit()が出てきましたので、カーネルモジュールとなることがわかります。

```
static int __init asus_wireless_driver_init(void)
{
    return acpi_bus_register_driver(&asus_wireless_driver);
}
module_init(asus_wireless_driver_init);
static void __exit asus_wireless_driver_exit(void)
{
    acpi_bus_unregister_driver(&asus_wireless_driver);
}
module_exit(asus_wireless_driver_exit);
```

それではremoveメンバーに登録したasus_wireless_remove()はどこから呼ばれてくるのでしょうか？

結論からいうと、acpi_bus_unregister_driver()の内部からなのですが、呼び出しフローは複雑になっています。acpi_bus_unregister_driver()はmodule_exitマクロで定義されていますので、rmmodコマンドでデバイスドライバを取り外すときに呼び出されることになります。

```
acpi_bus_unregister_driver
  driver_unregister
    bus_remove_driver
      driver_detach
        device_release_driver_internal
          __device_release_driver
            dev->bus->remove(drv->remove)
                    ↓
            asus_wireless_remove
```

前置きが長くなりましたが、バグの内容について見ていきましょう。

バグの本質を理解するためには、無線LANドライバとLEDサブシステムの関係を抑える必要があります。ドライバの取り外し処理でリソースの解放があるならば、ドライバの組み込み処理ではリソースの確保があるはずです。組み込み処理はasus_wireless_driver変数の初期値を見ると、addメンバーに登録されているasus_wireless_add関数であることが想像できるので（removeの対語はaddだから）、その関数の中身を見ていきます。

CODE drivers/platform/x86/asus-wireless.c

```c
static int asus_wireless_add(struct acpi_device *adev)
{
            :
            :
    data->wq = create_singlethread_workqueue(    ①
            "asus_wireless_workqueue");
    if (!data->wq)                               ①
        return -ENOMEM;
    INIT_WORK(&data->led_work, led_state_update); ①
    data->led.name = "asus-wireless::airplane";
    data->led.brightness_set = led_state_set;
    data->led.brightness_get = led_state_get;
    data->led.flags = LED_CORE_SUSPENDRESUME;
    data->led.max_brightness = 1;
    data->led.default_trigger = "rfkill-none";
    err = devm_led_classdev_register(            ②
            &adev->dev, &data->led);
    if (err)
        destroy_workqueue(data->wq);             ②

    return err;
}
```

■ SECTION-011 ■ デバイスドライバの取り外し④

①ではワークキューを新しく作っています。led_state_updateという関数を遅延実行させるのが目的です。急ぎの処理ではなく、任意のタイミングで動いてくれればよい場合は、ワークキューによる遅延実行という仕組みが使われます。ワークキューの作成に失敗した場合は、create_singlethread_workqueue()がNULLを返すので、asus_wireless_add()の返り値をエラー(-ENOMEM)とすることで、無線LANドライバそのものが組み込めないようにしています。

②ではLEDデバイスの登録を行っています。ワークキューはdata->wqにセットされ、LEDデバイスはdata->ledにセットされているので、両者は連携して動くものとなります。LEDデバイスの登録はdevm_led_classdev_register()で行い、成功したらゼロ、失敗したら非ゼロが返ります。失敗した場合は、作ったワークキューを破棄しないとリソースリーク(メモリリーク)になるため、destroy_workqueue()で捨てています。

このようにワークキューとLEDデバイスは抱き合わせなので、不要となった場合はいずれもリソースを解放しておく必要があるということになります。そして、解放する順番は確保した順番の逆にするのが定石です。リソースをA→B→Cと確保したならば、C→B→Aの順番で解放するということです。

修正後のコードを再掲します。②→①の順番、つまりLEDデバイス→ワークキューの順番でリソース解放されていることがわかりますね。if文でdata->wqがNULLかどうかをチェックしていますが、本来は不要です。なぜなら、asus_wireless_add()でdata->wqがNULLの場合はエラーとしているからです。

しかしながら、Linuxカーネルやデバイスドライバのプログラミングにおいてシステムの堅牢性が求められるため、ポインタのNULLチェックは冗長なほど行うのが定石となっています。実際、if文ひとつぐらいで処理速度が落ちることはありませんが、性能よりも品質を重視するのが基本です。

```
static int asus_wireless_remove(struct acpi_device *adev)
{
    struct asus_wireless_data *data = acpi_driver_data(adev);

    if (data->wq) {
        devm_led_classdev_unregister(          ②
                &adev->dev, &data->led);
        destroy_workqueue(data->wq);           ①
    }
    return 0;
}
```

CHAPTER 04

バグを作り込みやすい
ポイントその2

　前章に引き続き、どんなバグを作り込みやすいかについて紹介していきます。

SECTION-012

割り込みハンドラの登録直後

本節では割り込みハンドラに着目したバグ修正について見ていきます。

■ 割り込みの概要

まずは、割り込みとは何かについて説明します。割り込み(interrupt)というのは、プログラムの実行を一時中断して、別の処理を割り込ませることを指します。人が行列を作って待っているときに、突然誰かが割り込んできて列を乱すことを割り込みといいますが、意味合いとしては同じです。

割り込みは、緊急度の高い処理を最優先で行うのに便利な仕組みです。割り込み処理が完了したら、一時中断していたプログラムの実行を再開します。

割り込みという機能はハードウェアが保有するものであり、ソフトウェアと連携して実現されます。一般的に割り込みには例外(Exception)、ソフトウェア割り込み(Software Interrupt)、ハードウェア割り込み(Hardware Interrupt)に分けられます。

例外というのは、プログラムの実行時にゼロ除算や不正なメモリアクセスなどが行われることです。例外が発生すると、プログラムが異常終了します。

ソフトウェア割り込みというのは、プログラムの実行時にINT(Interrupt)命令などを使って意図的に発生させることができる割り込みのことです。主に、ユーザープロセスがシステムコールを発行するときに使われています。内部割り込みともいいます。

ハードウェア割り込みというのは、外部割り込みともいって、I/Oデバイスからの割り込みをOS(Linuxカーネル)で受け取る仕組みです。例外とソフトウェア割り込みは内部から沸き起こる感じがしますが、ハードウェア割り込みはOSの外側から通知がやってくるイメージです。

細かく分類すると割り込みにもたくさんの種類があるのですが、大きく分けて3つあると覚えておきましょう。

そして、本節ではハードウェア割り込みについて取り上げます。ハードウェア割り込みはLinuxカーネルでは認識することができますが、ユーザープロセスでは直接認識することができません。ハードウェアを制御するのは、あくまでもカーネル空間で動くカーネルやデバイスドライバの仕事だからです。

ハードウェア割り込みについて

ハードウェア割り込みの詳細について説明します。

Linuxカーネルのハードウェア割り込み処理について下図に示しました。Intelのアーキテクチャ(x86)を想定しています。

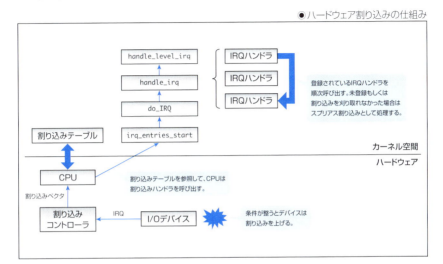

●ハードウェア割り込みの仕組み

上図にもあるように、割り込みはI/Oデバイスが発生させます。I/OはInput/Outputの略ですが、I/Oデバイスというのは周辺機器全般のことを指します。マザーボード上に搭載されているチップ、PCIスロットに搭載されたPCIカード、キーボードやマウスなどのHID(Human Interface Device)などのことです。I/Oデバイスのことを単にデバイスと呼ぶこともあります。

I/Oデバイスのすべてが割り込みを発生する機能があるわけではなく、ハードウェアの仕様として割り込みを使わないものもあります。また、I/Oデバイスが割り込み機能を保有していても、ソフトウェアが意図的に使わないケースもあります。つまり、ハードウェアの機能をどう活用するかはソフトウェアの設計次第というわけです。

I/Oデバイスが割り込みを発生させるのは、何か大事なことをソフトウェアすなわちOS(Linuxカーネル)に伝えたいからです。たとえば、I/Oデバイスがネットワークカードだとすると、LANケーブルを通して外部からパケットを受信した場合、そのことを即座に通知する必要があります。パケットの受信が遅れると、ネットワークの性能に影響が出るからです。

I/OデバイスがUSBメモリだとすると、USBコネクタにUSBメモリが挿されたとき、すぐにOSに通知しないと、OS上でドライブとして認識されないことになります。

上図ではI/Oデバイスが1つしかありませんが、実際には多数のI/Oデバイスが存在し、多数の割り込みが発生します。複数の割り込みを管理するために割り込みコントローラというハードウェアが用意されています。割り込みコントローラのことをPIC(Programmable Interrupt Controller)とも呼びます。割り込みコントローラが一括して割り込みを管理することで、OSに割り込みを通知することができるようになります。

SECTION-012 ■ 割り込みハンドラの登録直後

　割り込みコントローラとI/Oデバイス間の割り込み線のことをIRQ（Interrupt request）といいます。IRQというのはIntel用語であり、一般的なアーキテクチャの言葉ではありません。もともと、LinuxカーネルはIntelアーキテクチャ（x86）向けに開発されていたので、Linuxカーネル内部では慣習的にIRQというキーワードが使われています。

　通常、IRQは複数本が用意されており、最低限その本数の割り込みを受け付けることができます。ただし、1本のIRQで複数の割り込みを共有することができるので、割り込みを発生させるI/Oデバイスの個数がIRQの総本数より多くても問題はありません。

　割り込みコントローラはI/Oデバイスから受け取った割り込みをOSに通知することになるわけですが、厳密にはCPUに通知します。このとき、割り込みコントローラはCPUに割り込みベクタという数値を伝えます。割り込みベクタのことを割り込み番号ともいい、どのI/Oデバイスからの割り込みであるかを識別するために使われます。割り込みベクタはIRQの番号と同じにしてもよいですし、別の番号にすることもできます。

　CPUはハードウェア割り込みを検出したら、そのことをOSに伝える必要があります。「OSに伝える」というのは具体的にいうと、CPUというハードウェアが物理メモリ上にある関数を呼び出すということです。ここまではハードウェアの処理で、まだLinuxカーネルのソフトウェアとしての処理が動いているわけではありません。

　CPUが関数を呼び出すということは、関数の先頭アドレスを知る必要があり、何らかの手段が必要です。なぜなら、関数を実装するのはOS（Linuxカーネル）なので、CPUはあらかじめ知りようがないからです。その手段として割り込みテーブルという仕組みがあります。

　割り込みテーブルは割り込みディスクリプタテーブル（IDT: Interrupt Descriptor Table）ともいいます。この呼び方もIntel用語です。割り込みテーブルは、Linuxカーネルが用意するもので、実体は単なる構造体の配列で、カーネル空間のメモリ上に置かれます。Linuxカーネルの起動時に割り込みテーブルを用意して、CPUに教えておきます。こうすることで、CPUは割り込みを検出したときに、割り込みベクタを元に割り込みテーブルを参照することで、呼び出すべき関数の先頭アドレスがわかります。割り込みベクタは配列のインデックスとして使います。

　CPUが呼び出す関数名が「irq_entries_start」であり、アセンブラコードとして実装されています。この関数が本当の意味での割り込みハンドラ（Interrupt handler）です。Intelアーキテクチャの仕様として、割り込みハンドラ内でもろもろのレジスタ操作をする必要があり、それはC言語では実現できないので、アセンブリ言語が使われるというわけです。

CODE　arch/x86/entry/entry_32.S

```
ENTRY(irq_entries_start)
    vector=FIRST_EXTERNAL_VECTOR
    .rept (FIRST_SYSTEM_VECTOR - FIRST_EXTERNAL_VECTOR)
    pushl   $(~vector+0x80)
    vector=vector+1
    jmp common_interrupt
    .align  8
    .endr
END(irq_entries_start)
```

割り込み処理をアセンブリ言語だけで実装するのは大変なので、irq_entries_startからdo_IRQ関数というC言語で実装されたコードにジャンプします。do_IRQ()からはhandle_irq()、handle_level_irq()などと順次関数が呼び出されていき、最後にIRQハンドラという関数を呼び出します。

IRQハンドラというのは、I/Oデバイスを制御するデバイスドライバの関数のことです。IRQハンドラのことを割り込みハンドラとも呼び、デバイスドライバの開発者視点では通常割り込みハンドラというとIRQハンドラのことを指します。I/Oデバイスが発生させた割り込みを処理することになるのは、IRQハンドラになります。

IRQハンドラという呼び方はLinuxカーネルの慣習です。IRQハンドラはrequest_irq関数を使って、Linuxカーネル内部に登録します。関数の第2引数(handler)の型がirq_handler_tになっていますね。まさにIRQハンドラ(irq handler)という意味を表現しています。

CODE include/linux/interrupt.h

```
static inline int __must_check
request_irq(unsigned int irq, irq_handler_t handler, unsigned long flags,
        const char *name, void *dev)
{
    return request_threaded_irq(irq, handler, NULL, flags, name, dev);
}
```

IRQハンドラの登録を解除するにはfree_irq関数を使います。

このようにカーネル関数名にIRQというキーワードが使われているのも、Linuxカーネルの古くからの慣習です。

CODE include/linux/interrupt.h

```
extern const void *free_irq(unsigned int, void *);
```

ハードウェア割り込みの特徴と落とし穴

カーネルやデバイスドライバの開発者が知っておくべきこととして、ハードウェア割り込みの特異な動きがあります。

まず、ハードウェア割り込みはいつ発生するかわからないということです。I/Oデバイスは必要なときにだけ割り込みを発生させるはずですが、I/Oデバイスも機器なので故障していると、勝手に割り込みを発生させてくることがあります。それはまだLinuxカーネルが起動もしていないときかもしれないですし、起動中でIRQハンドラが未登録のときかもしれません。

特にやっかいなのが、I/Oデバイスが壊れているときです。Linuxカーネルの動作中に、何もしていないのにI/Oデバイスから割り込みが上がり続けることがあります。I/Oデバイスを制御するデバイスドライバが組み込まれていなかったら、その割り込みを処理する人が誰もいないことになります。このようなケースでは、Linuxカーネルはスプリアス割り込み(Spurious interrupt)として処理します。スプリアスは「まがいの」「擬似の」といった意味の英単語ですが、ようするに誰も知らない、怪しい割り込みという意味合いです。

■ SECTION-012 ■ 割り込みハンドラの登録直後

　スプリアス割り込みが上がり続けると、それだけ割り込みを受け付けるCPUの負荷が高くなるので、二度と上がってこないようにLinuxカーネルは割り込みマスクを行い、割り込みの通知を受けないようにします。

　ただし、割り込みマスクも効かないほどハードウェアが壊れている場合は、どうしようもないので、そのようなケースでは問題の機器を取り外すしか復旧手段がありません。

　IRQハンドラ（割り込みハンドラ）はrequest_irq関数で登録しますが、IRQハンドラはいつ呼び出されるかわかりません。登録後すぐかもしれないですし、忘れたころかもしれません。

　IRQハンドラをfree_irq関数で登録解除するとき、I/Oデバイスに対して割り込みを発生させることのないようにしなければなりません。もし、割り込みの発生を許可したまま、IRQハンドラを取り外してしまうと、スプリアス割り込みになってしまいます。

　また、登録解除しようとするタイミングで、ちょうどIRQハンドラが動作中である可能性もあるため、確実にIRQハンドラが停止していることを保証した上で、登録解除を行う必要があります。

　以上のように、割り込みハンドラは非同期に動作するため、開発の難易度も高いという側面を持ち合わせています。

バグ修正の実例

　前置きが長くなりましたが、バグ修正の実例を見ていきましょう。

```
コミットID: 8600660ce149b32961d0f298eb6cd1c22a161fb1
URL:
https://git.kernel.org/pub/scm/linux/kernel/git/stable/linux.git/commit/?h=v4.19.5&id=8600660ce149b32961d0f298eb6cd1c22a161fb1&context=10&ignorews=0&dt=1

uio: Fix an Oops on load
commit 432798195bbce1f8cd33d1c0284d0538835e25fb upstream.

I was trying to solve a double free but I introduced a more serious
NULL dereference bug.  The problem is that if there is an IRQ which
triggers immediately, then we need "info->uio_dev" but it's not set yet.

This patch puts the original initialization back to how it was and just
sets info->uio_dev to NULL on the error path so it should solve both
the Oops and the double free.

Fixes: f019f07ecf6a ("uio: potential double frees if __uio_register_device() fails")

        ↓ (拙訳)

uio: ドライバ組み込み時のカーネルパニックを修正しました。

私は二重フリーバグを修正しましたが、NULLポインタアクセスで落ちるというバグを新たに作り込んで
いました。もし割り込み(IRQ)がすぐに発生したら、"info->uio_dev"の内容が必要ですが、その準備がで
きていないのです。
```

■ SECTION-012 ■ 割り込みハンドラの登録直後

この修正では、元のコードに戻し、エラーの場合は info->uio_dev にNULLを設定することで、カーネルパニックと二重フリーの2つの問題を解決しています。

修正対象: f019f07ecf6a ("uio: __uio_register_device関数が失敗したときの潜在的な二重フリー")

上記はUIOドライバにおけるバグ修正です。UIO（Userspace I/O）というのは、ユーザー空間からハードウェアのレジスタを読み書きしたり、割り込みを検出することができる仕組みのことです。

ハードウェアを制御するために、デバイスドライバを作るのが定石ではありますが、ドライバ開発はお手軽ではないというデメリットがあります。ユーザー空間で「/dev/mem」をオープンすれば、レジスタを読み書きすることはできますが、root権限が必要なことと、すべてのメモリ空間にアクセスできることからセキュリティ的に問題があります。

そこで、これらの問題を解決するのがUIOという仕組みです。

コミットメッセージにあるOops（ウップス、ウープス）というキーワードは、ちょっとしたミスやエラーの意味ですが、Linuxカーネルでは例外という意味合いで使われていて、実際にはカーネルパニックにつながるため、「ちょっとしたミス」どころではないです。

本問題は割り込みハンドラの登録に関するものとなります。

バグ修正前のコードを以下に示します。①で割り込みハンドラ（uio_interrupt関数）を登録する前後で、②で示したinfo->uio_devの値が変化していることが問題点となります。

CODE drivers/uio/uio.c

```
int __uio_register_device(struct module *owner,
            struct device *parent,
            struct uio_info *info)
{
        :
        :
    info->uio_dev = NULL;   ②
        :
        :
    if (info->irq && (info->irq != UIO_IRQ_CUSTOM)) {
        ret = request_irq(info->irq, uio_interrupt,   ①
                info->irq_flags, info->name, idev);
        if (ret)
            goto err_request_irq;
    }

    info->uio_dev = idev;   ②
    return 0;
        :
        :
}
```

■ SECTION-012 ■ 割り込みハンドラの登録直後

　割り込みハンドラの実装を見てみます。内部でuio_event_notify関数を呼んでいて（③）、その関数の先頭で「info->uio_dev」を読み込み、idev変数に代入しています（④）。そのidev変数を参照しています（⑤）。

CODE drivers/uio/uio.c

```
static irqreturn_t uio_interrupt(int irq, void *dev_id)
{
    struct uio_device *idev = (struct uio_device *)dev_id;
    irqreturn_t ret = idev->info->handler(irq, idev->info);

    if (ret == IRQ_HANDLED)
        uio_event_notify(idev->info);    ③

    return ret;
}

void uio_event_notify(struct uio_info *info)
{
    struct uio_device *idev = info->uio_dev;    ④

    atomic_inc(&idev->event);                   ⑤
    wake_up_interruptible(&idev->wait);
    kill_fasync(&idev->async_queue, SIGIO, POLL_IN);
}
```

　割り込みハンドラはrequest_irq関数で登録した後は、いつ呼び出されるかわかりません。「info->uio_dev」がまだNULLのときに呼び出されたら、④のidev変数（ポインタ）がNULLとなり、⑤の処理でNULLポインタアクセスで落ちてしまうことになります。

　よって、割り込みハンドラを登録する前に、必要な初期設定をしておかねばならないということがいえます。

　さて、ここでコミットメッセージをよく読むと、コミットID「f019f07ecf6a」で一度修正したものを再修正したと書いてあります。どうやら、デグレードしていたようです。ここで元の修正を見てみましょう。

```
# git log -p f019f07ecf6a
commit f019f07ecf6a6b8bd6d7853bce70925d90af02d1

uio: potential double frees if __uio_register_device() fails

The uio_unregister_device() function assumes that if "info->uio_dev" is
non-NULL that means "info" is fully allocated.  Setting info->uio_de
has to be the last thing in the function.

In the current code, if request_threaded_irq() fails then we return with
info->uio_dev set to non-NULL but info is not fully allocated and it can
```

```
        lead to double frees.

                ↓(拙訳)

uio: __uio_register_deviceが失敗したときの潜在的な二重フリーを修正しました

uio_unregister_device関数では、"info->uio_dev"がNULLではないということは、"info"自体が有
効であることを意味します。そこで、info->uio_deへの設定は関数の最後で行う必要があります。

現在のコードでは、request_threaded_irq()が失敗すると、info->uio_devにはNULLではない値が
入っているため、二重フリーを引き起こす可能性があります。

diff --git a/drivers/uio/uio.c b/drivers/uio/uio.c
index 3f76e38e6f30..15ad3469660d 100644
--- a/drivers/uio/uio.c
+++ b/drivers/uio/uio.c
@@ -953,8 +953,6 @@ int __uio_register_device(struct module *owner,
        if (ret)
                goto err_uio_dev_add_attributes;

-       info->uio_dev = idev;
-
        if (info->irq && (info->irq != UIO_IRQ_CUSTOM)) {
                /*
                 * Note that we deliberately don't use devm_request_irq
@@ -971,6 +969,7 @@ int __uio_register_device(struct module *owner,
                        goto err_request_irq;
        }

+       info->uio_dev = idev;
        return 0;

 err_request_irq:
```

　修正差分（diff）を見ると、もともとは「info->uio_dev」の設定は正しい位置にあったことがわかります。つまり、request_irq()を呼び出す前にすべての設定を済ませておくのが正しいということです。

　しかし、コミットID「f019f07ecf6a」では何か問題があって修正をしているようなので、もう少し内容を詳しく見てみましょう。

　コミットメッセージには「request_threaded_irq()が失敗する」とありますが、request_irq()のことをいっています。request_irq()はマクロ定義であり、request_threaded_irq()を呼び出しています。

　request_irq()が失敗した場合（関数の返り値が非0）、err_request_irqラベルにジャンプしているので、「info->uio_dev」の値はidevが代入された状態のままとなります。コミットID「f019f07ecf6a」では、このことが問題だと主張しています。

■ SECTION-012 ■ 割り込みハンドラの登録直後

これはいったいどういう意味なのでしょうか？

ここで一例としてuio_unregister_device関数の実装を見てみます。関数の先頭で「info->uio_devがNULL」だったら、何もせず戻っています。つまり、「info->uio_devがNULLではない」場合に、この関数を呼び出すとif文以降を実行することになります。

CODE drivers/uio/uio.c

```
void uio_unregister_device(struct uio_info *info)
{
    struct uio_device *idev;

    if (!info || !info->uio_dev)
        return;

    idev = info->uio_dev;
         :
         :
}
```

つまり、__uio_register_device()がエラーとなった場合において、uio_unregister_device()を呼び出すと、info構造体が完全な状態になっていないにもかかわらず、info構造体にぶら下がったリソースを解放しようとすることになります。その結果、システムに不都合が生じます。コミットメッセージでは、このことを潜在的な二重フリー（potential double frees）と表現してます。

通常、__uio_register_device()が失敗した場合は、それが成功していないのですからuio_unregister_device()を呼び出すようなことはしないはずなので、問題となることはないと考えられます。だから、必ず不都合が生じるわけではないので、潜在的な（potential）という言葉が付け加えられているのです。

コミットメッセージの中で「potential」というキーワードが出てきたら、必ず問題が起こるのではないという意味であると理解すればよいです。

以上を踏まえて、最終的なバグ修正後のコードは以下の通りです。もともとの懸念されていた潜在的な二重フリー問題を解決しつつ、割り込みハンドラで落ちる問題も解決されています。

⑦の位置でinfo->uio_devを設定しており、request_irq()で割り込みハンドラを登録する前になっているので問題ありません。登録が失敗した場合、すなわちrequest_irq()が非0を返した場合、⑧の位置でinfo->uio_devをNULLで初期化しています。

■ SECTION-012 ■ 割り込みハンドラの登録直後

CODE drivers/uio/uio.c

```
int __uio_register_device(struct module *owner,
            struct device *parent,
            struct uio_info *info)
{
              :
              :
    info->uio_dev = NULL;
              :
              :
    info->uio_dev = idev;  ⑦

    if (info->irq && (info->irq != UIO_IRQ_CUSTOM)) {
        ret = request_irq(info->irq, uio_interrupt,
              info->irq_flags, info->name, idev);
        if (ret) {
            info->uio_dev = NULL;   ⑧
            goto err_request_irq;
        }
    }
    return 0;
              :
              :
}
```

04 バグを作り込みやすいポイントその2

SECTION-013

割り込み禁止のタイミング

本節では割り込み禁止のタイミングに着目したバグ修正について見ていきます。

バグ修正の実例

次の実例を見ていきましょう。

```
コミットID: 549e3c24ac348249bd5169382efc0ef8b63da466
URL:
https://git.kernel.org/pub/scm/linux/kernel/git/stable/linux.git/commit/?h=v4.19.9&id=549e3c
24ac348249bd5169382efc0ef8b63da466&context=30&ignorews=0&dt=1

net: faraday: ftmac100: remove netif_running(netdev) check before disabling interrupts
[ Upstream commit 426a593e641ebf0d9288f0a2fcab644a86820220 ]

In the original ftmac100_interrupt(), the interrupts are only disabled when
the condition "netif_running(netdev)" is true. However, this condition
causes kerenl hang in the following case. When the user requests to
disable the network device, kernel will clear the bit __LINK_STATE_START
from the dev->state and then call the driver's ndo_stop function. Network
device interrupts are not blocked during this process. If an interrupt
occurs between clearing __LINK_STATE_START and stopping network device,
kernel cannot disable the interrupts due to the condition
"netif_running(netdev)" in the ISR. Hence, kernel will hang due to the
continuous interruption of the network device.

In order to solve the above problem, the interrupts of the network device
should always be disabled in the ISR without being restricted by the
condition "netif_running(netdev)".

[V2]
Remove unnecessary curly braces.

        ↓(拙訳)

net: faraday: ftmac100: 割り込みを無効にする前のnetif_running(netdev)チェックを削除しました。
[ 本流のコミットID 426a593e641ebf0d9288f0a2fcab644a86820220 ]
```

ftmac100_interrupt()の元の実装では、"netif_running(netdev)"が真の場合にのみ割り込みを無効としています。しかしながら、この条件は以下に示すケースでカーネルハングが起きます。
ユーザーがネットワークデバイスを無効にした場合、カーネルはdev->stateの__LINK_STATE_STARTビットを落としてから、ドライバのndo_stop関数を呼びます。
この間、ネットワークデバイスの割り込みはブロックされていません。もし、割り込みが__LINK_STATE_STARTビットのクリアとネットワークデバイスの停止中に発生すると、カーネルは、割り込みハンドラ内

> の"netif_running(netdev)"の条件により、割り込みを無効にすることができません。
> ゆえに、ネットワークデバイスから立て続けに上がってくる割り込みにより、カーネルはハングしてしまうことでしょう。
>
> 上記の問題を解決するために、ネットワークデバイスの割り込みは割り込みハンドラ内では常に無効化し、"netif_running(netdev)"の条件に影響されないようにしました。
>
> [その2]
> 不必要な中括弧も削除しました。

　上記はFaraday社のIP（LSIを構成する回路情報）であるFTMAC100というネットワークドライバのバグ修正に関するものです。コミットメッセージの文章が長く、これだけではよくわかりませんね。まずはバグ修正前のコードを見てみましょう。下記のコードのどこかに問題があるということです。

CODE drivers/net/ethernet/faraday/ftmac100.c

```
static irqreturn_t ftmac100_interrupt(int irq, void *dev_id)
{
    struct net_device *netdev = dev_id;
    struct ftmac100 *priv = netdev_priv(netdev);

    if (likely(netif_running(netdev))) {    ①
        ftmac100_disable_all_int(priv);     ②
        napi_schedule(&priv->napi);
    }

    return IRQ_HANDLED;
}
```

　ftmac100_interrupt()は割り込みハンドラです。①でnetif_running()を呼び出していますが、システム全体として（Linuxカーネルが）ネットワークインターフェイスが有効かどうかを表します。ネットワークインターフェイスが有効であるというのは、ipコマンドで見たときに「stateがUP」であるという意味です。ちなみに、以前はifconfigコマンドがよく使われていましたが、現在では非推奨となっています。

　下記に実行結果を示します。eth0の一行目に「UP」というキーワードがありますね。つまり、この状態ではnetif_running()が真を返すということです。

```
# ip a
2: eth0: <BROADCAST,MULTICAST,UP,LOWER_UP> mtu 1500 qdisc mq state UP group default qlen 1000
    link/ether 00:15:5d:26:f2:0a brd ff:ff:ff:ff:ff:ff
    inet 172.17.148.103/28 brd 172.17.148.111 scope global dynamic noprefixroute eth0
       valid_lft 86399sec preferred_lft 86399sec
    inet6 fe80::d517:2a02:e2da:769f/64 scope link tentative
       valid_lft forever preferred_lft forever
```

■ SECTION-013 ■ 割り込み禁止のタイミング

下記はネットワークインターフェイスが無効である状態を示しています。「UP」というキーワードがなくなり、代わりに「DOWN」と表示されています。また、IPv4アドレスやIPv6アドレスがないこともわかります。この状態ではnetif_running()が偽を返すということです。

```
# ip a
2: eth0: <BROADCAST,MULTICAST> mtu 1500 qdisc mq state DOWN group default qlen 1000
    link/ether 00:15:5d:26:f2:0a brd ff:ff:ff:ff:ff:ff
```

root権限さえあれば、ネットワークインターフェイスはipコマンドで有効および無効が切り替えられます。

```
ネットワークインターフェイスの無効化
# ip link set eth0 down
ネットワークインターフェイスの有効化
# ip link set eth0 up
```

①のif文ではlikelyというマクロが被さっていますが、プログラムの動作そのものには関係ないので、ソースコードを読むときには無視してよいです。likelyマクロは、引数に指定した関数が頻繁に真を返すものであると仮定して、コンパイラに最適化のヒントを与えます。類似のマクロにunlikelyというのもあって、こちらは関数が頻繁に偽を返す場合に使います。

②のftmac100_disable_all_int()はネットワークカード(I/Oデバイス)から発生する割り込みをすべて禁止しています。処理もシンプルで、ネットワークカードのレジスタにゼロを書き込んでいるだけです。

CODE drivers/net/ethernet/faraday/ftmac100.c
```c
static void ftmac100_disable_all_int(struct ftmac100 *priv)
{
    iowrite32(INT_MASK_ALL_DISABLED, priv->base + FTMAC100_OFFSET_IMR);
}
```

なぜ、割り込みを禁止するかというと、パケットの受信処理をポーリングモードに切り替えるためです。この仕組みのことをNAPI(New API)といいます。ポーリングモードというのは割り込みを使わずに、ネットワークカードが受信したパケットを吸い上げる処理のことです。ポーリング(Polling)というのはループを回して、繰り返し処理を行うという意味合いがあります。

ポーリングモードにすることで、Linuxカーネルに頻繁に割り込みが発生することを抑止し、カーネルにかかる負荷を低減させる効果があります。割り込み処理というのは、最優先で動作し、それまで動作中の処理も一時中断されるため、頻繁に割り込み処理が動くとカーネルの性能に影響が出るのです。

ただし、ポーリングモードの欠点としてパケットの受信処理が遅くなります。割り込みモードにするか、ポーリングモードにするかは、カーネルへの負荷とネットワーク性能のトレードオフとなります。

netif_running()ではdev->stateの__LINK_STATE_STARTビットが立っているかを見ています。コミットメッセージに「dev->state」や「__LINK_STATE_START」というキーワードが出てくるのは、このことを示してます。

CODE include/linux/netdevice.h

```
static inline bool netif_running(const struct net_device *dev)
{
    return test_bit(__LINK_STATE_START, &dev->state);
}
```

ネットワークダウン処理の流れ

本問題を理解するためには、ネットワークインターフェイスを無効化する流れを知る必要があります。下図に、ipコマンドを実行してからネットワークインターフェイスが無効化(ダウン)されるまでのカーネル内のフローを示しました。

●ネットワークインターフェイスdownフロー

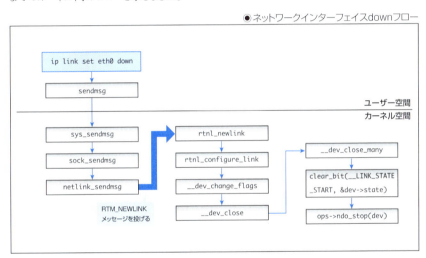

上図はどこかにあるものを転記したものではなく、筆者がLinuxカーネルのソースコードとUbuntuでの実際の動作を元に作成したものです。Linuxカーネルはとても進化が早いソフトウェアなので、その都度ソースコードを読む必要があります。

上図をどうやって書き起こしたかについて、参考までに紹介しておきます。

最初にipコマンドが発行するシステムコールを調べます。ipコマンドはユーザー空間で動作するプログラムですが、カーネルの力を借りないとできないような処理を行う場合はシステムコールというソフトウェア割り込みを発生させる必要があります。システムコールを使うことで、ユーザープロセスからカーネル内の処理へジャンプすることができます。

システムコールを調べるにはstraceを使うのがお手軽です。コマンドのソースコードから追おうとすると、すぐに挫折してしまうことでしょう。なぜなら、ソースコードの規模が大きいので、じっくり時間をかけないと読み解けないからです。straceコマンドを使うと、どんなシステムコールを発行しているかがわかります。

■ SECTION-013 ■ 割り込み禁止のタイミング

```
# strace ip link set eth0 down
              :
              :
sendmsg(3, {msg_name={sa_family=AF_NETLINK, nl_pid=0, nl_groups=00000000}, msg_namelen=
12, msg_iov=[{iov_base={{len=32, type=RTM_NEWLINK, flags=NLM_F_REQUEST|NLM_F_ACK, seq=
1552270301, pid=0}, {ifi_family=AF_UNSPEC, ifi_type=ARPHRD_NETROM, ifi_index=if_nameto
index("eth0"), ifi_flags=0, ifi_change=0x1}}, iov_len=32}], msg_iovlen=1, msg_controllen
=0, msg_flags=0}, 0) = 32
recvmsg(3, {msg_name={sa_family=AF_NETLINK, nl_pid=0, nl_groups=00000000}, msg_namelen
=12, msg_iov=[{iov_base=NULL, iov_len=0}], msg_iovlen=1, msg_controllen=0, msg_flags=
MSG_TRUNC}, MSG_PEEK|MSG_TRUNC) = 36
```

straceの実行結果より、sendmsgというシステムコールであることがなんとなくわかります。たくさんのパラメータが渡されていますが、ポイントは「eth0」や「RTM_NEWLINK」といった、いかにもネットワークのリンク状態を設定しようとしているところです。

システムコールの当たりが付いたので、次はカーネルのコードを読んでいきます。システムコールに対応したカーネル関数は、システムコール名の先頭に「sys_」を付けてタグジャンプすると簡単に見つけることができます。

```
↓タグファイルを作る(初回実行のみでOK)
# make tags
↓vimでタグジャンプする
# vi -t sys_sendmsg
```

厳密にはカーネル関数の名称は、sys_sendmsgではなく、下記のマクロ定義により複雑な関数名になります。

CODE net/socket.c

```
SYSCALL_DEFINE3(sendmsg, int, fd, struct user_msghdr __user *, msg, unsigned int, flags)
{
    return __sys_sendmsg(fd, msg, flags, true);
}
```

関数名がマクロ化されているので、そのままctagsなどのツールを使ってタグファイルを作ってもテキストエディタを使ってタグジャンプができません。関数名がわからないからです。

そこで、LinuxカーネルのMakefileを使ってタグファイルを作成すると、システムコールの関数名を「sys_システムコール名」という名前でタグファイルを作ってくれるようになっています。「make tags」の実体は「scripts/tags.sh」スクリプトで、システムコール名以外にも、こうしたケアがなされています。

関数の中身を追っていくと、以下のコードに行き着きます。「sock->ops->sendmsg」という関数ポインタを使って、関数を呼び出しています。しかし、このコードを眺めているだけでは、次にどの関数が呼び出されるのかわかりません。

CODE net/socket.c

```
static inline int sock_sendmsg_nosec(struct socket *sock, struct msghdr *msg)
{
    int ret = sock->ops->sendmsg(sock, msg, msg_data_left(msg));
    BUG_ON(ret == -EIOCBQUEUED);
    return ret;
}
```

ここから先を調べていくにはソースコードを時間かけて読むより、実機で調べたほうが早いです。

関数ポインタの先を調べるには、以下の2つのことが必要です。

1 ポインタのアドレスを知る
2 シンボルテーブルを参照する

2つ目のシンボルテーブルというのは、Linuxカーネルが保持している関数名やグローバル変数名の一覧表のことで、「/proc/kallsyms」で見ることができます。関数やグローバル変数のポインタ（メモリアドレス）も合わせてわかるので、反対にポインタのアドレスから関数名やグローバル変数名を知ることができるというわけです。

1つ目のポインタのアドレスを知る方法はいくつかありますが、一番効率が良い方法を選ぶのがおすすめです。カーネルのソースコードを修正して、printf文（printk関数）を追加して、カーネルをビルドして、というやり方はあまり効率が良くないです。sock_sendmsg_nosec()は頻繁に通過する関数であるため、単純にprintf文を入れると、カーネルを起動したときに大量のメッセージが出力されてしまい、まともにカーネルが動けなくなる可能性があります。また、知りたいのはipコマンドを実行したときのみなので、他の情報に紛れてしまい、欲しい情報がわからないかもしれません。

SystemTapの導入

そこでSystemTapという仕組みを利用するのがお手軽です。SystemTapというのは、端的にいうと、Linuxカーネルの動作中にカーネル内に処理を挿入できるという仕組みのことです。SystemTap専用のスクリプト言語を使って、簡単なコードを書くことで、自動的にカーネルコードが生成され、動作中のカーネルに組み込むことができます。

最終的にはカーネルコードを生成するので、SystemTapのスクリプトの記述が間違っていると、カーネルがクラッシュする場合もありますが、カーネルイメージを書き換えているわけではないので、再起動してもカーネルが上がってこなくなるということはありません。

このようにSystemTapは魔法のツールです。

SystemTapをUbuntuで使うためにパッケージの導入が必要です。stapコマンドが起動できることを確認します。

■ SECTION-013 ■ 割り込み禁止のタイミング

```
# sudo apt install systemtap
# stap --version
Systemtap translator/driver (version 3.1/0.170, Debian version 3.1-3ubuntu0.1 (bionic-
proposed))
Copyright (C) 2005-2017 Red Hat, Inc. and others
This is free software; see the source for copying conditions.
tested kernel versions: 2.6.18 ... 4.10-rc8
enabled features: AVAHI LIBSQLITE3 NLS NSS
```

SystemTapを使うためには、カーネルのデバッグ情報の導入も必要です。Ubuntuでは導入が少し面倒ですが、下記サイトにある手順通りに実施すればスムーズです。

URL https://wiki.ubuntu.com/Kernel/Systemtap

```
GPGキーのインポート
# sudo apt-key adv --keyserver keyserver.ubuntu.com --recv-keys C8CAB6595FDFF622
リポジトリ設定の追加
# codename=$(lsb_release -c | awk  '{print $2}')
# sudo tee /etc/apt/sources.list.d/ddebs.list << EOF
deb http://ddebs.ubuntu.com/ ${codename}      main restricted universe multiverse
deb http://ddebs.ubuntu.com/ ${codename}-security main restricted universe multiverse
deb http://ddebs.ubuntu.com/ ${codename}-updates  main restricted universe multiverse
deb http://ddebs.ubuntu.com/ ${codename}-proposed main restricted universe multiverse
EOF

# sudo apt update
# sudo apt install linux-image-$(uname -r)-dbgsym
```

下記サイトに「linux-tools-4.15.0-xx-dbgsym_4.15.0-xx.xx_amd64.ddeb」のようなファイルがあることを確認しておきましょう。これがないと、最後の「apt install」が失敗します。

URL http://ddebs.ubuntu.com/pool/main/l/linux/

■ SystemTapスクリプトの作り方

SystemTapを使うためには専用の言語でスクリプトを作る必要があります。言語仕様は下記のサイトで確認できます。

URL https://sourceware.org/systemtap/langref/

言語仕様を全部読んでからスクリプトを記述するよりも、サンプルのスクリプトを参考にしながら、必要に応じて言語仕様を確認していくのがよいでしょう。

今回やりたいことは、sock_sendmsg_nosec関数で関数ポインタの値がいくつかを知ることです。その場合におけるスクリプトは以下のようになります。

■ SECTION-013 ■ 割り込み禁止のタイミング

CODE chap4/ipchg.stp

```
#! /usr/bin/stap
#
# sudo stap -v -g ipchg.stp
#

global PROCNAME="ip"    ①

%{
#include "/usr/src/linux-headers-4.15.0-46-generic/include/linux/net.h"   ②
%}

function get_info(sock:long)
%{
    struct socket *sk = (struct socket *)(long)STAP_ARG_sock;    ③
    unsigned long val = (unsigned long)sk->ops->sendmsg;

    _stp_printf("func ptr %p¥n", val);
%}

probe kernel.function("sock_sendmsg") {    ④
    if (execname() == PROCNAME) {
        get_info($sock)
        printf("pid %d tid %d¥n", pid(), tid())
        print_backtrace()
    }
}
```

　スクリプトはstapコマンドを使うので、shebang行にstapのフルパスを指定します。#で始まる行はコメントです。

　スクリプト内で共通的に使いたい変数は、globalというキーワードを付けてグローバル変数として定義することができます（①）。

　「sk->ops->sendmsg」のポインタを調べるために、スクリプト内でC言語のコードを埋め込む必要があります。スクリプト言語ではC言語の構造体をたどることができないからです。socket構造体のopsメンバー、sendmsgメンバーは「net.h」で定義されているので、②でincludeしています。このinclude自体もC言語のコードで、「%{～%}」で囲みます。

　get_info()ではC言語のコードで「sk->ops->sendmsg」の値を表示しています。引数に「struct socket *sock」を渡すので、「STAP_ARG_引数名」というふうに取り出すことができます（③）。

　④ではsock_sendmsg()が実行されたときに、どういったことをしたいかを定義しています。ここでsock_sendmsg_nosec()になっていないのは、インライン関数になっていることでコンパイル時に展開されてしまい、シンボル情報がなくなるからです。そこで、sock_sendmsg_nosec()を呼び出しているsock_sendmsg()を指定します。

■ SECTION-013 ■ 割り込み禁止のタイミング

このように「probe kernel.function("関数名")」という記述により、Linuxカーネル内で関数が呼び出されたときに、スクリプトで記述した内容を実行することができるのです。これがSystemTapの醍醐味です。

ここで注意すべきこととして、指定した関数が頻繁に呼び出されることがあるかどうかということです。もし、頻繁に呼び出される場合は、同時に頻繁にスクリプトの内容が実行されるということを意味するので、場合によっては多量のメッセージ出力によりカーネルが動けなくなることがあります。

そこで、条件を追加することで、スクリプトを実行しているユーザープロセスに限定することができます。execname()を使うことで、ユーザープロセスの名前を取得することができます。

SystemTapスクリプトの実行

スクリプトを実行すると、自動的にカーネルコードが生成されOSに組み込まれることになるため、root権限が必要です。

```
# sudo stap -v -g スクリプトファイル
```

-vはverboseオプションなのでなくてもよいですが、スクリプトの実行が失敗した場合のトラブルシュートに便利です。

-gはGuruモードといって、スクリプト内にC言語のコードを含む場合に指定が必要です。

```
# sudo stap -v -g ipchg.stp
         :
         : n
Pass 5: starting run.
func ptr 0xffffffff8ae923b0
pid 2479 tid 2479
 0xffffffff8ae31210 : sock_sendmsg+0x0/0x50 [kernel]
 0x0 (inexact)
```

上記、実行結果から関数ポインタは0xffffffff8ae923b0であることがわかります。

```
# cat /proc/kallsyms | grep 923b0
ffffffff8ad923b0 T devm_rtc_allocate_device
ffffffff8ae923b0 t netlink_sendmsg        ★
ffffffffc02923b0 t autofs4_notify_daemon     [autofs4]
```

シンボルテーブルより該当する関数はnetlink_sendmsg()であることがわかります。

ネットワークダウン処理の続き

netlink_sendmsg()では、ユーザープロセス（ipコマンド）から受け取ったパラメータからメッセージを作成してカーネル内部に投げます。メッセージの実体はソケットバッファのキューの末尾に積まれ（①）、別コンテキストで処理されます。つまり、いったんここでipコマンドのユーザーコンテキストは途切れることになり、ipコマンドの実行もいったん完了となります。まだネットワークダウン処理は完了していないにもかかわらず、ipコマンドには成功したように見えます。

```
netlink_sendmsg
  netlink_unicast
    netlink_sendskb
      __netlink_sendskb
```

CODE net/netlink/af_netlink.c

```c
static int __netlink_sendskb(struct sock *sk, struct sk_buff *skb)
{
    int len = skb->len;

    netlink_deliver_tap(sock_net(sk), skb);

    skb_queue_tail(&sk->sk_receive_queue, skb);   ①
    sk->sk_data_ready(sk);
    return len;
}
```

netlink_sendmsg()ではipコマンドから渡されたRTM_NEWLINKというメッセージを投げるので、rtnl_newlink()が次に実行されることになります。

CODE net/core/rtnetlink.c

```c
void __init rtnetlink_init(void)
{
        :
    rtnl_register(PF_UNSPEC, RTM_NEWLINK, rtnl_newlink, NULL, 0);
        :
}


rtnl_newlink
  __rtnl_newlink
    rtnl_configure_link
      __dev_change_flags
        __dev_close
          __dev_close_many
```

__dev_close_many()では以下の処理の流れとなっています。

1. ポーリングモードを停止
2. __LINK_STATE_STARTビットを落とす
3. ops->ndo_stop()を呼び出す
4. ネットワークインターフェイスをdownにする
5. ポーリングモードを再開

2番目の__LINK_STATE_STAR ビットを落とすことで、netif_running()が偽を返すことになります。

3番目のops->ndo_stop()というのは、ネットワークドライバの関数のことです。FTMAC100の場合、ftmac100_stop()になります。

CODE drivers/net/ethernet/faraday/ftmac100.c

```
static const struct net_device_ops ftmac100_netdev_ops = {
        :
    .ndo_stop       = ftmac100_stop,
        :
};
```

4番目の処理は以下のコードのことですが、これによりipコマンドでネットワークインターフェイスを見たときに「DOWN」と表示されるようになります。

CODE net/core/dev.c

```
static void __dev_close_many(struct list_head *head)
{
        :
        dev->flags &= ~IFF_UP;
        :
}
```

▌問題点

前提知識が整ってきたので、ここでいま一度、問題のコードを再掲します。

CODE drivers/net/ethernet/faraday/ftmac100.c

```
static irqreturn_t ftmac100_interrupt(int irq, void *dev_id)
{
    struct net_device *netdev = dev_id;
    struct ftmac100 *priv = netdev_priv(netdev);

    if (likely(netif_running(netdev))) {
        ftmac100_disable_all_int(priv);
        napi_schedule(&priv->napi);
    }

    return IRQ_HANDLED;
}
```

　上記のコードは、netif_running()でチェックした後に、全割り込み禁止とポーリングモードへの移行を行っています。ネットワークインターフェイスがUPの状態で、この一連の処理だけが動く場合には特に問題はありません。逆に、DOWNの状態では、そもそも割り込みが上がってこないので、ftmac100_interrupt()が呼び出されることはありません。

　では、どこに問題が潜んでいるのでしょうか？

　それはipコマンドを使ってネットワークインターフェイスをUPからDOWNに変更中に、ネットワークカードから割り込みが上がった場合です。ネットワークのパケットはいつ外部から入ってくるかわからないので、完全にネットワークドライバが停止していない限り、割り込みハンドラが呼び出されてしまいます。

　__dev_close_many()の処理では、ftmac100_stop()よりも先にnetif_running()が偽になるので、ftmac100_interrupt()が呼び出されたタイミングでif文の中身がまったく実行されずに、IRQ_HANDLEDを返すという動きをすることになります。

　つまり、このことはネットワークカードから割り込みが発生したにもかかわらず、何もせずにあたかも割り込みが処理できたかのように振る舞っているということです。

　割り込みというのはネットワークカードというハードウェアから上がってくるものなので、ソフトウェアで割り込み禁止にしない限り、延々と割り込みが上がってきます。なぜなら、ハードウェアから見ると、いつまでも割り込みが処理されていないように見えるからです。

　割り込みが無限に上がってくるということは、常にシステムのCPUひとつを使い続けることになり、負荷が上がります。実質的に、割り込みを処理するCPUはビジーになります。CPUが複数搭載されていれば、残りのCPUでOSを動かすことはできますが、CPUが1つしかないとOSは動けなくなります。この状態をOSストールやOSハングといいます。

■ SECTION-013 ■ 割り込み禁止のタイミング

　CPUが複数搭載されており、OSがまだ動ける状態であれば、__dev_close_many()の処理は継続されftmac100_stop()が呼び出されます。ftmac100_stop()ではftmac100_disable_all_int()を呼び出しているので、ネットワークカードの割り込みを禁止にすることになるため、割り込みが延々と上がり続ける状態を解消することができます。

　下図に問題発生のメカニズムを示しました。

●問題発生のメカニズム

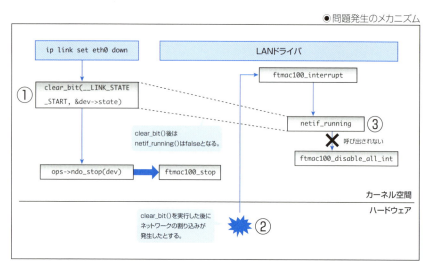

CHAPTER 05

バグを作り込みやすい
ポイントその3

前章に引き続き、どんなバグを作り込みやすいかについて紹介していきます。

SECTION-014

32bitと64bitの違い

本節では32bitと64bitの違いに着目した問題について取り上げます。

▌概要

Linuxカーネルは以前から32bit環境と64bit環境のいずれにも対応しています。Linuxカーネルの大半はC言語で実装されているため、ソースコードを32bitもしくは64bit向けにビルドするだけで、各環境に対応したLinuxカーネルを構築することができます。

将来的にはLinuxカーネルは64bitのみの対応となる可能性はありますが、原稿執筆時点での最新バージョンである5.0においても、いまだに32bitもサポートしています。PCやサーバー分野では64bitが主流ですが、組み込み分野では32bitがまだまだ現役であり、かつ組み込み分野は息が長いので、当面は市場には32bit版Linuxカーネルが残ると思われます。

ここでいっている32bitや64bitというのはプロセッサのビット数のことです。Intel系プロセッサの場合、Linuxでは32bitをx86、64bitのことをx86_64と表記することがあります。unameコマンドでも調べることができます。

```
# uname -m
x86_64
```

プロセッサが64bitの場合においても、32bitのプログラムと互換性があるため、32bit版Linuxカーネルを動かすこともできます。

▌32bitと64bitの相違点

C言語でプログラミングをする上で、32bitと64bitで振る舞いが異なるため、そのことをケアする必要があります。つまり、Linuxカーネルが32bitと64bitに対応しているというのは、ソースコードレベルで個々に対応をしているからで、開発者の努力のたまものなのです。

では、32bitと64bitでどのような違いがあるのでしょうか?

プログラムが使うことのできる仮想メモリ空間の大きさが変わります。32bitでは2の32乗で4GB(ギガバイト)、64bitでは2の64乗で16EB(エクサバイト)と桁違いです。このことより、ポインタのサイズが32bitでは4バイト、64bitで8バイトとなります。ポインタというのはメモリ空間を指し示すアドレスであるため、メモリ空間が4GBなのであれば、0から(4G-1)までの数値を表現できる必要があります。

次に、long型のサイズが変わります。32bitでは4バイト、64bitで8バイトとなります。これはポインタと同じですね。long(とunsigned long)のサイズが変わるのはポインタのサイズが変わることに起因しています。なぜならば、ポインタを格納できるデータ型を用意するため、従来のlong型がサイズ拡張されることになったからです。このことをデータモデルがLP64であるといいます。LP64というのはLongとPointerが64bit(8バイト)であるという意味です。

C言語によるプログラミングにおける32bitと64bitの違いは、実はこれだけです。

■ SECTION-014 ■ 32bitと64bitの違い

環境	ポインタ	long
32bit	4バイト	4バイト
64bit	8バイト	8バイト

これだけなのですが、落とし穴がそれなりにあり、ベテランのプログラマーでもミスを犯すことがあるので侮れません。

バグの実例①

ここで、問題となった実例を見ていきます。

```
コミットID: 1cc23c9df86a8762e082450d98bbf630da0b32cf
URL: https://git.kernel.org/pub/scm/linux/kernel/git/stable/linux.git/commit/?h=v4.16.6&id=1cc23c9df86a8762e082450d98bbf630da0b32cf

commit bcbd385b61bbdef3491d662203ac2e8186e5be59 upstream.

File /sys/kernel/debug/kprobes/blacklist displays random addresses:

[root@s8360046 linux]# cat /sys/kernel/debug/kprobes/blacklist
0x0000000047149a90-0x00000000bfcb099a       print_type_x8
....

This breaks 'perf probe' which uses the blacklist file to prohibit
probes on certain functions by checking the address range.

Fix this by printing the correct (unhashed) address.

The file mode is read all but this is not an issue as the file
hierarchy points out:
 # ls -ld /sys/ /sys/kernel/ /sys/kernel/debug/ /sys/kernel/debug/kprobes/
         /sys/kernel/debug/kprobes/blacklist
dr-xr-xr-x 12 root root 0 Apr 19 07:56 /sys/
drwxr-xr-x  8 root root 0 Apr 19 07:56 /sys/kernel/
drwx------ 16 root root 0 Apr 19 06:56 /sys/kernel/debug/
drwxr-xr-x  2 root root 0 Apr 19 06:56 /sys/kernel/debug/kprobes/
-r--r--r--  1 root root 0 Apr 19 06:56 /sys/kernel/debug/kprobes/blacklist

Everything in and below /sys/kernel/debug is rwx to root only,
no group or others have access.

Background:
Directory /sys/kernel/debug/kprobes is created by debugfs_create_dir()
which sets the mode bits to rwxr-xr-x. Maybe change that to use the
parent's directory mode bits instead?

Link: http://lkml.kernel.org/r/20180419105556.86664-1-tmricht@linux.ibm.com
```

■ SECTION-014 ■ 32bitと64bitの違い

↓（拙訳）

コミットID bcbd385b61bbdef3491d662203ac2e8186e5be59 は本流にもあります。

/sys/kernel/debug/kprobes/blacklist ファイルがでたらめなアドレスを表示します。

```
[root@s8360046 linux]# cat /sys/kernel/debug/kprobes/blacklist
0x0000000047149a90-0x00000000bfcb099a        print_type_x8
....
```

このことは'perf probe'コマンドでblacklistを使って、アドレス範囲をチェックすることで特定の関数のプローブを禁止するということができなくなります。

そこで、正しく（ハッシュ化しない）アドレスを表示するように修正しました。

ファイルのパーミッションはすべてReadになっていますが、階層的に見ていくと、このことは問題ではありません。

```
# ls -ld /sys/ /sys/kernel/ /sys/kernel/debug/ /sys/kernel/debug/kprobes/
         /sys/kernel/debug/kprobes/blacklist
dr-xr-xr-x 12 root root 0 Apr 19 07:56 /sys/
drwxr-xr-x  8 root root 0 Apr 19 07:56 /sys/kernel/
drwx------ 16 root root 0 Apr 19 06:56 /sys/kernel/debug/
drwxr-xr-x  2 root root 0 Apr 19 06:56 /sys/kernel/debug/kprobes/
-r--r--r--  1 root root 0 Apr 19 06:56 /sys/kernel/debug/kprobes/blacklist
```

/sys/kernel/debug 配下はroot権限のみでrwxというパーミッションになっており、グループや他のユーザーは一切アクセスができません。

背景：
/sys/kernel/debug/kprobes はdebugfs_create_dir()で作られ、パーミッションをrwxr-xr-xに設定します。おそらく、親ディレクトリのパーミッションを使うようにするのがよいのでしょう。

リンク： http://lkml.kernel.org/r/20180419105556.86664-1-tmricht@linux.ibm.com

　コミットメッセージが長いので、前提知識がないと何を言っているかよくわからないです。バグの修正内容を見てみることにしましょう。

■ CODE kernel/kprobes.c

```
 static int kprobe_blacklist_seq_show(struct seq_file *m, void *v)
 {
     struct kprobe_blacklist_entry *ent =
         list_entry(v, struct kprobe_blacklist_entry, list);

-    seq_printf(m, "0x%p-0x%p\t%ps\n", (void *)ent->start_addr,
+    seq_printf(m, "0x%px-0x%px\t%ps\n", (void *)ent->start_addr,
         (void *)ent->end_addr, (void *)ent->start_addr);
     return 0;
 }
```

seq_printf()の書式指定の%pを%pxに変更しています。seq_printf()の内部ではvsnprintf()が呼び出されるので、printk()と同じ書式が使えます。
　C言語のprintfで使える「%p」はポインタのアドレスを表示するためのものです。しかし、「%px」というのはなんでしょうか?
　よく見ると、後続に「%ps」という見慣れない書式指定があることもわかります。
　カーネル関数のprintk()は、C言語のprintf()に似せて作ってあるのですが、独自拡張されています。「Documentation/core-api/printk-formats.rst」に仕様が記載されています。実装は「lib/vsprintf.c」になります。
　従来、printk()の「%p」はポインタのアドレスが表示できていましたが、セキュリティ上問題があるとのことで、でたらめな値が表示されるように実装が変更されました。ポインタのアドレスがわかると、悪意を持った第三者(ハッカーやクラッカー)に攻撃のための有益な情報を与えることになります。
　また、ポインタのアドレスを表示するのは、本来、開発者のデバッグ用であるため不要なはずです。なぜならば、ユーザーがLinuxを使う上で、カーネル内部のメモリアドレスを知る必要性はまずないからです。
　printk()による出力先は、dmesg(カーネルバッファ)やsyslog(/var/log/syslog)になります。シリアルコンソールがつながっている場合はコンソールに出力されることもあります。syslogはroot権限がないと見ることができませんが、dmesgコマンドは一般ユーザーでも実行することができます(禁止としているLinuxディストリビューションもあります)。つまり、printk()による出力内容は見ようと思えば、誰でも見られるということです。
　なお、一般ユーザーでもadmグループに所属していると、syslogを参照することができます。

```
# id
uid=1001(yutaka2) gid=1001(yutaka2) groups=1001(yutaka2)

# tail /var/log/syslog
tail: '/var/log/syslog' を 読み込み用に開くことが出来ません: 許可がありません

# journalctl -k
Hint: You are currently not seeing messages from other users and the system.
      Users in groups 'adm', 'systemd-journal' can see all messages.
      Pass -q to turn off this notice.
-- Logs begin at Thu 2019-03-21 21:11:13 JST, end at Thu 2019-03-21 21:11:13 JST. --
-- No entries --

# dmesg
[    0.000000] Linux version 4.15.0-46-generic (buildd@lgw01-amd64-038) (gcc version 7.3.0 (Ubuntu 7.3.0-16ubuntu3)) #49-Ubuntu SMP Wed Feb 6 09:33:07 UTC 2019 (Ubuntu 4.15.0-46.49-generic 4.15.18)
[    0.000000] Command line: BOOT_IMAGE=/boot/vmlinuz-4.15.0-46-generic root=/dev/mapper/ubuntu--vg-root ro
              :
              :
```

■ SECTION-014 ■ 32bitと64bitの違い

以上の理由から、printk()の「%p」の仕様変更が行われました。本来あるべき姿としては、「%p」以外に新しい書式指定を追加して、元からあるコードを修正するべきですが、修正量が膨大になることから、printk()の動作を変えてしまうという大胆な変更がなされました。こういった英断もLinuxカーネルならではです。

「%p」ではポインタのアドレスをハッシュ化して、元の値がいくつかをわからなくします。この処理は32bitと64bitで違いがあります。

- 32bit場合：4バイトをハッシュ化
- 64bit場合：8バイトをハッシュ化後、下位4バイトをマスク

ハッシュ化のアルゴリズムはSipHashが採用されています。プログラミング言語の連想配列を実現するためにコンパイラやインタープリタ内部で使われており、セキュリティに強いハッシュアルゴリズムとされています。

ポインタのアドレスをハッシュ化する実装はptr_to_id()になります。

```
printk
  vprintk_func
    vprintk_default
      vprintk_emit
        vprintk_store
          vscnprintf
            vsnprintf
              pointer
                ptr_to_id
```

以下に一部抜粋します。

CODE lib/vsprintf.c

```c
static char *ptr_to_id(char *buf, char *end, const void *ptr,
            struct printf_spec spec)
{
    unsigned long hashval;
         :
         :
#ifdef CONFIG_64BIT
    hashval = (unsigned long)siphash_1u64((u64)ptr, &ptr_key);
    hashval = hashval & 0xffffffff;
#else
    hashval = (unsigned long)siphash_1u32((u32)ptr, &ptr_key);
#endif
         :
         :
}
```

条件コンパイル文（#ifdef〜）で囲みがありますが、64bitの場合はCONFIG_64BITが有効となり、32bitの場合は無効となります。つまり、このように32bitと64bitのそれぞれに対して処理が用意してあるということです。

　それでは、従来通りに本当のポインタアドレスを表示させたい場合はどうすればよいのでしょうか？

　その答えは「%px」を使う、になります。

　ドキュメントにも詳しい説明があります。

CODE Documentation/core-api/printk-formats.rst

```
Unmodified Addresses
--------------------

::

    %px 01234567 or 0123456789abcdef

For printing pointers when you *really* want to print the address. Please
consider whether or not you are leaking sensitive information about the
kernel memory layout before printing pointers with %px. %px is functionally
equivalent to %lx (or %lu). %px is preferred because it is more uniquely
grep'able. If in the future we need to modify the way the kernel handles
printing pointers we will be better equipped to find the call sites.
```

　　　　↓（拙訳）

%pxは本当にポインタのアドレスを表示したいときに使うことができます。%pxを使う前に、カーネルメモリ空間に関する機密情報が漏洩させてもいいかどうか考えてみてください。%pxは機能的には%lx(%lu)と同じですが、%pxを使うことのほうが望ましいです。なぜならば、一意に検索することができるからです。もし、将来私たちがポインタの表示に関して、カーネルの動作を変更する場合、呼び出し側を調査することがしやすくなります。

　%pの仕様変更が行われ、代替として%pxが追加されたのは、2017年11月のことです。よって、この時期以降のLinuxカーネルが対象となります。もし、この仕様変更が入っていない古いLinuxカーネルで「%px」を書式指定した場合、本物のポインタのアドレスが表示された後に「x」という文字が出力されることになり、コンパイルが通らなくなるということはありません。

　さて、ここで話を戻して、最初の問題について考えてみます。

　「/sys/kernel/debug/kprobes/blacklist」の表示するアドレスが適切ではないという話でしたが、そもそもKprobesというのはなんでしょうか？

　KprobesというのはLinuxカーネルの動作中に任意の箇所にブレークポイントを仕掛けることができ、そのブレークポイントにデバッグ用コードを設定できるという仕組みのことです。Linuxカーネルの再構築が不要なので、手軽にデバッグができて便利です。実はSystemTapはKprobesの仕組みを利用したツールです。

SECTION-014 ■ 32bitと64bitの違い

「/sys/kernel/debug/kprobes/blacklist」というのはKprobesで使われるファイルです。ブラックリスト（blacklist）という恐ろしい名前が付いていますが、Kprobesのブレークポイントの対象外とする関数の一覧のことです。Kprobesを使ってどんな関数でもブレークが設定できるわけではなく、うまく動かないこともあるので、そういった関数をあらかじめblacklistに登録しておくことで、ブレークを設定できないようにすることができます。

ドキュメントにも説明があります。

CODE Documentation/kprobes.txt

```
Blacklist
---------

Kprobes can probe most of the kernel except itself. This means
that there are some functions where kprobes cannot probe. Probing
(trapping) such functions can cause a recursive trap (e.g. double
fault) or the nested probe handler may never be called.
Kprobes manages such functions as a blacklist.
If you want to add a function into the blacklist, you just need
to (1) include linux/kprobes.h and (2) use NOKPROBE_SYMBOL() macro
to specify a blacklisted function.
Kprobes checks the given probe address against the blacklist and
rejects registering it, if the given address is in the blacklist.


        ↓(拙訳)

KprobesはBlacklistを除く、ほとんどのカーネル関数にブレークを設定する(プローブ)することができます。このことはいくつかの関数はKprobesでプローブできないことを意味しています。そのような関数をプローブすることで、再帰的なトラップ(例：ダブルフォルト)や、ネストしたプローブ関数が二度と呼ばれなくなったりすることがあります。
Kprobesはそのような関数をblacklistという仕組みで管理することができます。
もし、ある関数をblacklistに追加したい場合、(1)linux/kprobes.h をincludeして、(2)追加したい関数をNOKPROBE_SYMBOLマクロで指定します。
Kprobesは指定されたプローブアドレスに対してblacklistをチェックして、そのアドレスがblacklistに登録されているならば、関数の登録をはじきます。
```

Kprobesではデバッグしたい関数にブレークを設定するには、関数のアドレス、つまり関数ポインタのアドレスが必要なので、「/sys/kernel/debug/kprobes/blacklist」ででたらめな値が使われると、うまくブレークを設定することができないということになります。そのため、「%px」で本物のアドレスを表示する必要があるのです。

```
# cat /sys/kernel/debug/kprobes/blacklist
0xffffffffa64059b0-0xffffffffa6405a00    perf_event_nmi_handler
0xffffffffa6409f50-0xffffffffa6409fad    perf_ibs_nmi_handler
0xffffffffa642d470-0xffffffffa642d4e0    do_device_not_available
        :
        :
```

本問題はバグというよりも仕様変更に対応できていかなったということになります。根本を覆すような仕様変更は影響範囲も大きいという証拠ですね。

最後に、printk()の「%p」と「%px」が具体的にどんな表示になるのか、実際にプログラムを動かして確認してみましょう。

以下にデバイスドライバのソースコードを示します。ドライバがロードされたときにprintk()を呼び出しています。

CODE chap5/driver_x86/sample.c

```
/*
 * サンプルドライバ
 * printkの %p について
 *
 */
#include <linux/module.h>
#include <linux/kernel.h>
#include <linux/device.h>
#include <linux/siphash.h>

MODULE_LICENSE("GPL");
MODULE_DESCRIPTION("This is a sample driver.");
MODULE_AUTHOR("Yutaka Hirata");

struct sample_driver {
    struct device_driver driver;
};

int g_sample_driver_val = 20190321;

static int sample_init(struct sample_driver *drv)
{
    void *ptr;

    printk(KERN_ALERT "driver loaded\n");

    ptr = &g_sample_driver_val;
    printk("ptr %p %lx %px [%ps]\n",
            ptr, (unsigned long)ptr, ptr, ptr);

    return 0;
}

static void sample_exit(struct sample_driver *drv)
{
    printk(KERN_ALERT "driver unloaded\n");
}
```

```
static struct sample_driver sa_drv = {
    .driver = {
        .name = "sample_driver",
        .of_match_table = NULL,
    },
};

module_driver(sa_drv, sample_init, sample_exit);
```

Makefileは以下の通りです。

CODE chap5/driver_x86/Makefile

```
obj-m := sample.o

# ドライバのコンパイラオプションを追加したい場合は下記を指定する
EXTRA_CFLAGS +=

KERNELDIR := /lib/modules/$(shell uname -r)/build

# make -Cオプションで再帰呼び出しする場合、
# $(PWD)では正しく動作しない(親ディレクトリを引き継ぐ)ため、
# $(shell pwd)か$(CURDIR)を使うこと。
#PWD := $(PWD)         # NG
#PWD := $(CURDIR)
PWD := $(shell pwd)

all:
	make -C $(KERNELDIR) M=$(PWD) modules

clean:
	make -C $(KERNELDIR) M=$(PWD) clean
```

ソースコードのビルド方法とドライバの組み込み方法は以下の通りです。

```
# make
# sudo insmod ./sample.ko
```

不要になったドライバは下記の手順で取り外します。

```
# sudo rmmod sample
```

printk()の出力結果はdmesgやsyslogでわかります。

実行結果から本物のアドレスは「ffffffffc0418000」であることに対して、「%p」では「0000000013c2deea」という値になっています。「%ps」では「g_sample_driver_val [sample]」という文字列が表示されていますが、これはそのアドレスが指し示すシンボル情報です。

```
# tail /var/log/syslog
 3月 21 20:12:59 yutaka-Virtual-Machine kernel: driver loaded
 3月 21 20:12:59 yutaka-Virtual-Machine kernel: ptr 0000000013c2deea ffffffffc0418000 ffffffffc0418000 [g_sample_driver_val [sample]]
```

/proc/kallsymsの内容も確認しておきましょう。本物のアドレスが見えていることがわかります。

```
# cat /proc/kallsyms | grep g_sample
ffffffffc0418000 d g_sample_driver_val    [sample]
```

参考までに、32bit版Linuxカーネルではどのように動くのかも見ておきます。ここではARM向けLinuxカーネル5.0で動作確認しました。デバイスドライバのソースコードはまったく同じですが、クロスコンパイルする必要があるため、Makefileが異なります。

CODE　chap5/driver_arm/Makefile

```
obj-m := sample.o

# ドライバのコンパイラオプションを追加したい場合は下記を指定する
EXTRA_CFLAGS +=

#KERNELDIR := /lib/modules/$(shell uname -r)/build
KERNELDIR := /home/yutaka/qemu-rpi-kernel/tools/linux5.0

# make -Cオプションで再帰呼び出しする場合、
# $(PWD)では正しく動作しない(親ディレクトリを引き継ぐ)ため、
# $(shell pwd)か$(CURDIR)を使うこと。
#PWD := $(PWD)          # NG
#PWD := $(CURDIR)
PWD := $(shell pwd)

all:
	make ARCH=arm CROSS_COMPILE=arm-linux-gnueabihf- -C $(KERNELDIR) M=$(PWD) modules

clean:
	make ARCH=arm CROSS_COMPILE=arm-linux-gnueabihf- -C $(KERNELDIR) M=$(PWD) clean
```

ドライバをロードしたときの実行結果は以下の通りです。

実行結果から本物のアドレスは「bf0000ec」であることに対して、「%p」では「1d0d8fba」という値になっています。

```
# tail /var/log/syslog
Mar 22 11:38:53 raspberrypi kernel: sample: loading out-of-tree module taints kernel.
Mar 22 11:38:53 raspberrypi kernel: driver loaded
Mar 22 11:38:53 raspberrypi kernel: ptr 1d0d8fba bf0000ec bf0000ec [g_sample_driver_val [sample]]
```

▮ バグの実例②

次のバグ修正の例を見てみます。

```
コミットID: 81abaeb29ed38ccbff015c98a9c6e17ca67a8375
URL: https://git.kernel.org/pub/scm/linux/kernel/git/stable/linux.git/commit/?h=v4.16.12&id=81abaeb29ed38ccbff015c98a9c6e17ca67a8375&context=30&ignorews=0&dt=1

rtc: tx4939: avoid unintended sign extension on a 24 bit shift
[ Upstream commit 347876ad47b9923ce26e686173bbf46581802ffa ]

The shifting of buf[5] by 24 bits to the left will be promoted to
a 32 bit signed int and then sign-extended to an unsigned long. If
the top bit of buf[5] is set then all then all the upper bits sec
end up as also being set because of the sign-extension. Fix this by
casting buf[5] to an unsigned long before the shift.

Detected by CoverityScan, CID#1465292 ("Unintended sign extension")

        ↓(拙訳)

rtc: tx4939: 24bitシフトでの意図しない符号拡張を修正しました
[本流のコミットID 347876ad47b9923ce26e686173bbf46581802ffa]

buf[5]を24bit左シフトすることは、32bitの符号付き整数(signed int)として昇格し、unsigned longに
符号拡張されることになります。
もし、buf[5]の最上位ビットが1であれば、符号拡張によりsec変数の上位ビットがすべて1になります。
この問題を修正するために、シフトする前にbuf[5]にunsigned longのキャストを付けました。

本問題はCoverityScanで検出しました。CID#1465292 ("Unintended sign extension")
```

RTCドライバのバグ修正です。

CoverityScanというのは静的コード解析ツールのことです。

RTC(Real Time Clock)というのはマザーボードに搭載されている時計のことです。OSが動いていない場合においても時計を刻む必要があるため、マシンの電源が落ちている状態でもボタン電池で時を刻み続けます。

RTCはチップごとに仕様がまったく異なるので、チップごとにデバイスドライバを作る必要があります。OSが起動するとき、RTCから時刻を読み、後はOS上で時を刻みます。OS上だとNTPも使えるので、より正確に時刻を管理することができます。そのため、OS上の時刻とRTCの時刻が乖離することがあるため、OS上の時刻をRTCに書き込むことで、次回OSの起動時に、より正確な時刻をRTCから読むことができることになります。

バグ修正の内容は以下の通りです。

SECTION-014 ■ 32bitと64bitの違い

CODE drivers/rtc/rtc-tx4939.c

```
  static int tx4939_rtc_read_time(struct device *dev, struct rtc_time *tm)
  {
      unsigned long sec;
      unsigned char buf[6];
          :
          :
-     sec = (buf[5] << 24) | (buf[4] << 16) | (buf[3] << 8) | buf[2];
+     sec = ((unsigned long)buf[5] << 24) | (buf[4] << 16) |
+         (buf[3] << 8) | buf[2];
          :
          :
  }
```

RTCから読み込んだデータを秒に変換する処理において、buf[5]にunsigned longのキャストが追加されています。

この問題修正はLinuxカーネルというよりも、一般的なC言語プログラミングの落とし穴です。実際にプログラムを作ってみて、動かしてみることにしましょう。ポイントはunsigned charの変数を左シフトして、unsigned longの変数に代入するところです。

CODE source/chap5/shift.c

```c
#include <stdio.h>

int main(void)
{
    unsigned long sec;
    unsigned char buf[6];

    buf[5] = 0x80;
    sec = (buf[5] << 24);
    printf("%lx\n", sec);
    sec = ((unsigned long)buf[5] << 24);
    printf("%lx\n", sec);

    return 0;
}
```

buf[5]には初期値として0x80(1000_0000)を代入しているので、1バイト(8ビット)の最上位ビットがオンです。これを左に24ビットシフトした場合、その結果がどうなるのでしょうか？

以下に実行結果を示します。32bitと64bitで実行結果が変わることに注目してください。gccに「-m32」オプションを付けると、32bit向けにコンパイルすることができます。作成したバイナリ(a.out)はそのまま64bit環境で動かすことができます。バイナリ互換性があるからです。なお、32bit向けコンパイルするためには下記のパッケージ導入が必要です。

- apt install libc6:i386 libncurses5:i386 libstdc++6:i386
- apt install gcc-multilib

SECTION-014 32bitと64bitの違い

●64bit向けにコンパイル&実行
```
# cc shift.c
# ./a.out
ffffffff80000000
80000000
```

●32bit向けにコンパイル&実行
```
# cc -m32 shift.c
# ./a.out
80000000
80000000
```

両者の結果が異なるのはlong型のサイズが違うことに起因しています。

「buf[5] << 24」というコードを見た場合、buf[5]はunsiged charですが、このシフト演算自体はsigned intとして処理されます。このことを汎整数拡張と呼び、列記としたC言語の仕様です。

buf[5]の初期値が0x80なので、左24ビットシフトすると0x80000000となりますが、型がsigned intとして扱われます。いわゆるintのことですが、intのサイズが4バイト（32ビット）です。最上位ビットが立っているということは、負数であるということです。

この状態で、sec変数に代入を行うことになります。

変数はunsigned longですが、32bit向けにコンパイルしたときは4バイト、64bitでは8バイトになることで、代入後の結果が変わってきます。

unsigned longの大きさが4バイトだった場合、intも4バイトなので、intの0x80000000はそのまま0x80000000になります。

unsigned longの大きさが8バイトだった場合、intの0x80000000は負数であるため、負数の数値として8バイトに拡張されます。このとき、32bit目以降がすべて1となり、結果として0xffffffff80000000になるということです。これを符号拡張といいます。

次に「(unsigned long)buf[5] << 24」というコードについて考えてみます。

buf[5]をキャストしていることからシフト演算がunsigned longとして処理されます。汎整数拡張はintより小さいデータ型（charとshort）を暗黙のうちにintと扱うことであるため、signed intよりも大きなデータ型（unsigned intやlong、unsigned longなど）であれば汎整数拡張は適用されません。

シフト結果がunsigned longの0x80000000となるため、sec変数にもそのまま代入されます。unsigned longが4バイトの場合ではそのまま0x80000000であり、8バイトの場合は0x0x0000000080000000となります。

もともとの下記のコードは、Linuxカーネルを32bit向けにビルドした場合は特に問題はありません。buf[5]の最上位ビットの0か1かどうかも関係ありません。

```
sec = (buf[5] << 24) | (buf[4] << 16) | (buf[3] << 8) | buf[2];
```

しかし、Linuxカーネルを64bit向けにビルドした場合は、buf[5]の最上位ビット（7ビット目）が1であると、sec変数が「0xffffffff8xxxxxxx」になり、巨大な数値になってしまうことで正しく時刻を扱えなくなります。sec変数は秒を表すので、0〜59の範囲に収まっている必要があります。
　このように32bit版Linuxカーネルでは問題とならなかったコードが、64bit版Linuxカーネルで問題となることがあります。32bitから64bitへの移植開発をするときには注意が必要です。

CHAPTER 06

バグを作り込みやすい
ポイントその4

前章に引き続き、どんなバグを作り込みやすいかについて紹介していきます。

SECTION-015

処理終了の待ち合わせ

本節ではある処理が終了したかどうかを待ち合わせる処理における問題点について見ていきます。

■ 概要

Linuxカーネルの処理は必ずしもすぐに処理が完了するわけではありません。処理に時間がかかるケースはさまざまありますが、特にハードウェアに対する処理は非同期です。非同期であるということは、ソフトウェア（Linuxカーネル）とハードウェアの動きが独立していてばらばらであるという意味です。

ハードウェアはソフトウェアから指示を受けたら、後は勝手に動作するので、ソフトウェアはその動作を監視する必要があります。このことを非同期処理といいます。ハードウェアが勝手に動くので、ソフトウェアで同期を取っているともいえます。

このことはハードウェアに限らず、カーネルスレッドなどの別コンテキストで動作している非同期処理についても同様です。

非同期処理が仕掛かり中であるならば、その処理が完了するか、失敗するかを待ち合わせることになります。場合によっては処理がそのまま返ってこないこともあるので、一定時間でタイムアウトさせる必要があります。

こうした非同期処理は作り込みが大変で、バグも入り込みやすいという特徴があります。カーネルプログラミングにおいては非常に気を遣うところであり、バグの内容によってはシステムに大きな影響を及ぼすこともあります。

■ バグの実例①

バグの実例を以下に挙げます。

```
コミットID: 1cde10ea1da605542610b2a87cf09d52912108a1
URL: https://git.kernel.org/pub/scm/linux/kernel/git/stable/linux.git/commit/?h=v4.17.14&id=1cde10ea1da605542610b2a87cf09d52912108a1&context=3&ignorews=0&dt=0

i2c: imx: Fix reinit_completion() use
commit 9f9e3e0d4dd3338b3f3dde080789f71901e1e4ff upstream.

Make sure to call reinit_completion() before dma is started to avoid race
condition where reinit_completion() is called after complete() and before
wait_for_completion_timeout().

     ↓（拙訳）

i2c: imx: reinit_completion()の使い方を修正しました
本流はコミットID 9f9e3e0d4dd3338b3f3dde080789f71901e1e4ff です。
```

DMA転送を開始する前に必ず reinit_completion() を呼ぶようにしました。なぜならば、reinit_completion()がcomplete()より後、かつwait_for_completion_timeout()より前に呼ばれると起こる競合状態を回避するためです。

組み込み系では定番のI2Cドライバのバグ修正です。

コミットメッセージは短めですが、I2CやDMAといった前提知識がないと理解が難しいです。

バグ修正の内容を見てみましょう。以下はdiffそのままです。たった3行の修正ではありますが、修正箇所の行番号が離れているため、全体的にプログラムの作りを見ないとよくわかりません。

```
diff --git a/drivers/i2c/busses/i2c-imx.c b/drivers/i2c/busses/i2c-imx.c
index d7267dd..6fca5e6 100644
--- a/drivers/i2c/busses/i2c-imx.c
+++ b/drivers/i2c/busses/i2c-imx.c
@@ -377,6 +377,7 @@ static int i2c_imx_dma_xfer(struct imx_i2c_struct *i2c_imx,
        goto err_desc;
    }

+   reinit_completion(&dma->cmd_complete);
    txdesc->callback = i2c_imx_dma_callback;
    txdesc->callback_param = i2c_imx;
    if (dma_submit_error(dmaengine_submit(txdesc))) {
@@ -631,7 +632,6 @@ static int i2c_imx_dma_write(struct imx_i2c_struct *i2c_imx,
     * The first byte must be transmitted by the CPU.
     */
    imx_i2c_write_reg(msgs->addr << 1, i2c_imx, IMX_I2C_I2DR);
-   reinit_completion(&i2c_imx->dma->cmd_complete);
    time_left = wait_for_completion_timeout(
            &i2c_imx->dma->cmd_complete,
            msecs_to_jiffies(DMA_TIMEOUT));
@@ -690,7 +690,6 @@ static int i2c_imx_dma_read(struct imx_i2c_struct *i2c_imx,
    if (result)
        return result;

-   reinit_completion(&i2c_imx->dma->cmd_complete);
    time_left = wait_for_completion_timeout(
            &i2c_imx->dma->cmd_complete,
            msecs_to_jiffies(DMA_TIMEOUT));
```

ここでコミットメッセージの中に「race condition」という言葉がありますが、日本語では競合状態といいます。何やら難しい言葉に聞こえますが、非同期処理の待ち合わせが正しくできていないという意味です。

■ SECTION-015 ■ 処理終了の待ち合わせ

　I2C（アイツーシー）というのはシリアルバスのことです。組み込み分野では昔からよく使われるバスで、今でも現役です。身近にある機器には必ずといっていいほどI2Cで結線されています。I2Cを制御するためにはソフトウェアが必要であり、それがI2Cドライバです。

　I2Cは組み込みLinuxではよく使われています。反対に、PCやPCサーバー上のLinuxで使われることはまずありません。PCやPCサーバーの機器に搭載されているファームウェアがI2Cを使うことが一般的です。

　DMA（ディーエムエイ）はDirect Memory Accessの略で、直訳すると直接メモリアクセスです。通常、ソフトウェア（Linuxカーネル）からハードウェア（I/Oデバイス）にメモリ上のデータを転送する場合、以下のステップになります。

- データ→メモリ→I/Oデバイス

　CPU上で動くソフトウェアはメモリ上にデータを転送し、そのデータをI/Oデバイスに転送します。この一連の流れでは常にCPUを使っています。

　逆方向も見ておきましょう。ハードウェア（I/Oデバイス）上のデータを転送するには、以下のステップになります。

- I/Oデバイス→メモリ→データ

　この場合においてもCPUが介在します。CPU上で動くソフトウェアはI/Oデバイスのデータを読み取り、メモリへ転送することになるからです。

　ここでDMAという仕組みを導入すると、CPUの力を借りずにI/Oデバイスとメモリ間でデータ転送が行えるようになります。I/OデバイスがCPUを介さずに直接メモリにアクセスすることから、DMA（Direct Memory Access）と呼ばれます。

- I/Oデバイス←→メモリ

　CPUの代わりにDMAエンジンという機構がI/Oデバイスに搭載されており、DMAエンジンがメモリの転送を行います。DMAエンジンを搭載していないI/Oデバイスでは、DMAという仕組みは使えません。

　DMAによる転送では、DMAエンジンによる転送が完了しかどうかをLinuxカーネル側で待ち合わせをする必要があります。まさしく非同期処理ということです。

　それでは、今回バグ修正対象となっているコードの処理を順に見ていくことにしましょう。まずはプログラムの動きを把握することが大切です。

　DMA転送はI/Oデバイスからメモリへ転送するのか、メモリからI/Oデバイスへ転送するのか、転送する方向が2種類あるため、処理も途中から二手に分かれます。

　I2Cドライバの転送処理の主体はi2c_transfer()です。実際にはさらに上位層であるreadやwrite、IOCTLといったシステムコールから呼ばれてくることになります。

CODE drivers/i2c/i2c-core-base.c

```
i2c_transfer
  __i2c_transfer
    adap->algo->master_xfer
```

　i2c_transfer()の先では関数ポインタであるmaster_xferが呼び出されます。I2Cデバイスの制御方法は、デバイスごとにまったく異なるので、下位層にさらにデバイスドライバを貼り付けることができるようになっています。

　C言語はC++とは違い、オブジェクト指向言語ではありませんが、C言語のポインタを駆使して多相性（ポリモーフィズム）を実現しています。オブジェクト指向プログラミングの三大要素（クラス・継承・多相性）の1つです。

CODE include/linux/i2c.h

```
struct i2c_algorithm {
    int (*master_xfer)(struct i2c_adapter *adap, struct i2c_msg *msgs,
            int num);
            :
            :
};
```

　今回の修正対象となっているのは「i2c-imx」というドライバで、Freescale i.MX/MXCプロセッサ用です。master_xferにはi2c_imx_xfer()が登録されています。

CODE drivers/i2c/busses/i2c-imx.c

```
static const struct i2c_algorithm i2c_imx_algo = {
    .master_xfer   = i2c_imx_xfer,
    .functionality = i2c_imx_func,
};
```

　以下に、DMA転送のフローを示します。①～③で示した関数はバグ修正対象となっているものです。

●DMA転送（I/Oデバイスからメモリへ）のフロー

```
i2c_transfer
  __i2c_transfer
    adap->algo->master_xfer
      i2c_imx_xfer
        i2c_imx_read
          i2c_imx_dma_read      ①
            i2c_imx_dma_xfer    ②
```

■ SECTION-015 ■ 処理終了の待ち合わせ

●DMA転送（メモリからI/Oデバイスへ）のフロー

```
i2c_transfer
  __i2c_transfer
    adap->algo->master_xfer
      i2c_imx_xfer
        i2c_imx_dma_write      ③
          i2c_imx_dma_xfer     ②
```

関数コールが多いですが、条件分岐はそれほど多くなく一本道なので、流れがわかりやすい作りになっています。

次に、DMA転送の待ち合わせ処理に着目して、コードをもう少し詳しく見ていきます。

「i2c-imx」ドライバにおける待ち合わせ処理はLinuxカーネル特有のコンプリーション（completion）という仕組みが使われています。コンプリーションを使うと、処理完了するまで待ち合わせをすることができます。待ち合わせをするというのは、具体的にはユーザープロセスの状態をTASK_UNINTERRUPTIBLEにして、通知を受けたら起床するという動きになります。

待ち合わせ中はスリープ状態になるため、コンプリーションはユーザーコンテキストでしか使えません。待ち合わせ中はpsコマンドでステータスが「D」に見えます。この状態ではユーザープロセスにSIGKILLを送ってもプロセスを強制終了させることができません。TASK_UNINTERRUPTIBLEのUninterruptible（割り込み禁止）という意味がこのことです。

コンプリーションの使い方はいたってシンプルです。

1 completion構造体変数を用意する
2 completion構造体変数をinit_completion()で初期化する
3 wait_for_completion_timeout()で待ち合わせを行う
4 complete()で処理完了を通知する
5 reinit_completion()で再初期化する

もう少し具体的に見ていきましょう。

コンプリーションを使うためには、completion構造体変数を1つ用意します（下記④）。

CODE drivers/i2c/busses/i2c-imx.c

```
struct imx_i2c_dma {
    struct dma_chan    *chan_tx;
    struct dma_chan    *chan_rx;
    struct dma_chan    *chan_using;
    struct completion  cmd_complete;    ④
    dma_addr_t         dma_buf;
    unsigned int       dma_len;
    enum dma_transfer_direction dma_transfer_dir;
    enum dma_data_direction dma_data_dir;
};
```

■ SECTION-015 ■ 処理終了の待ち合わせ

　completion構造体変数の初期化はinit_completion()を使います。i2c_imx_probe()から呼び出されるi2c_imx_dma_request()で使われています。i2c_imx_probe()はplatform_driver構造体のメンバーに登録されており、ドライバがロードされ、制御対象のデバイスが検出された場合に呼び出されます。これをプローブハンドラといいます（下記⑤）。

CODE drivers/i2c/busses/i2c-imx.c

```
static struct platform_driver i2c_imx_driver = {
    .probe = i2c_imx_probe,      ⑤
    .remove = i2c_imx_remove,
    .driver = {
        .name = DRIVER_NAME,
        .pm = I2C_IMX_PM_OPS,
        .of_match_table = i2c_imx_dt_ids,
    },
    .id_table = imx_i2c_devtype,
};
```

　DMA転送はI/Oデバイスとメモリ間の方向で2種類のフローがありますが、どちらもi2c_imx_dma_xfer()という関数が最終的に呼び出されます。dmaengine_submit()でDMA転送を開始し、完了したら非同期でi2c_imx_dma_callback()という関数が呼び出されます。これをコールバック（callback）といいます。後から呼ばれるという意味です。つまり、i2c_imx_dma_xfer()とは別に独立して動くということです。

CODE drivers/i2c/busses/i2c-imx.c

```
static int i2c_imx_dma_xfer(struct imx_i2c_struct *i2c_imx,
                struct i2c_msg *msgs)
{
        :
    txdesc->callback = i2c_imx_dma_callback;
    txdesc->callback_param = i2c_imx;
    if (dma_submit_error(dmaengine_submit(txdesc))) {
        dev_err(dev, "DMA submit failed¥n");
        goto err_submit;
    }
        :
}
```

■ SECTION-015 ■ 処理終了の待ち合わせ

i2c_imx_dma_callback()ではcomplete()で処理完了を通知しています（⑥）。

CODE drivers/i2c/busses/i2c-imx.c

```
static void i2c_imx_dma_callback(void *arg)
{
    struct imx_i2c_struct *i2c_imx = (struct imx_i2c_struct *)arg;
    struct imx_i2c_dma *dma = i2c_imx->dma;

    dma_unmap_single(dma->chan_using->device->dev, dma->dma_buf,
            dma->dma_len, dma->dma_data_dir);
    complete(&dma->cmd_complete);    ⑥
}
```

　それでは、DMA転送の処理完了を待っているコードを見てみましょう。DMA転送（メモリからI/Oデバイスへ）ではi2c_imx_dma_write()になります。

CODE drivers/i2c/busses/i2c-imx.c

```
static int i2c_imx_dma_write(struct imx_i2c_struct *i2c_imx,
                struct i2c_msg *msgs)
{
        :
    result = i2c_imx_dma_xfer(i2c_imx, msgs);
        :
    reinit_completion(&i2c_imx->dma->cmd_complete);
    time_left = wait_for_completion_timeout(    ⑦
            &i2c_imx->dma->cmd_complete,
            msecs_to_jiffies(DMA_TIMEOUT));
    if (time_left == 0) {
        dmaengine_terminate_all(dma->chan_using);
        return -ETIMEDOUT;
    }
        :
        :
}
```

　i2c_imx_dma_xfer()でDMA転送をした後、wait_for_completion_timeout()でDMA転送が完了するのを待つためにスリープに入ります（⑦）。先ほどのコールバックでcomplete()が呼び出されると、スリープが解除され、wait_for_completion_timeout()に制御が返ってきます。
　もし、何らかの問題が発生し、complete()が呼び出されなかった場合、タイムアウトを指定しているので永遠にスリープしたままということはありません。DMA_TIMEOUTは1000で定義されているので、1000ミリ秒つまり1秒がタイムアウト時間ということになります。

コールバックは非同期で動くので、wait_for_completion_timeout()を呼び出すより前にcomplete()が実行されることもあります。このことを空振りといいますが、空振りしてもwait_for_completion_timeout()が無限待ちになることはなく、すでに処理完了済みとしてすぐに関数が返ってきます。

なお、wait_for_completion_timeout()でタイムアウトを検出した後に、コールバックが呼び出されcomplete()が実行されることがないように、dmaengine_terminate_all()でDMA転送処理を削除しています。厳密にいうと、dmaengine_terminate_all()を呼び出す瞬間にコールバックが呼び出されるタイミングが残っているのですが(これを隙間があるという)、complete()が実行されても実質何もしません。なぜなら、wait_for_completion_timeout()が返ってきたタイミングで内部で管理されているウェイトキューが削除されているからです。

コンプリーションはこうした絶妙なタイミング問題にも耐えうる設計になっているので、デバイスドライバの開発者は安心して使うことができます。

DMA転送(I/Oデバイスからメモリへ)のi2c_imx_dma_read()に関しても同様の作りになっています。i2c_imx_dma_write()と見比べるとコピペして作ったのかと思うほど、そっくりな実装になっていることがわかります。コピペが悪いというわけではありません。デバイスドライバのコードではよくあることです。

CODE drivers/i2c/busses/i2c-imx.c

```
static int i2c_imx_dma_read(struct imx_i2c_struct *i2c_imx,
        struct i2c_msg *msgs, bool is_lastmsg)
{
        :
    result = i2c_imx_dma_xfer(i2c_imx, msgs);
        :
    reinit_completion(&i2c_imx->dma->cmd_complete);
    time_left = wait_for_completion_timeout(
            &i2c_imx->dma->cmd_complete,
            msecs_to_jiffies(DMA_TIMEOUT));
    if (time_left == 0) {
        dmaengine_terminate_all(dma->chan_using);
        return -ETIMEDOUT;
    }
        :
        :
}
```

さて、ここまで見てきたコードの中にバグが潜んでいました。それはi2c_imx_dma_write()とi2c_imx_dma_read()にあります。それはwait_for_completion_timeout()の直前にreinit_completion()があることです。

reinit_completion()というのはいったい何をする関数なのでしょうか?
関数のヘッダに説明があります。

■ SECTION-015 ■ 処理終了の待ち合わせ

CODE include/linux/completion.h

```
/**
 * reinit_completion - reinitialize a completion structure
                 completion構造体を再初期化します
 * @x:    pointer to completion structure that is to be reinitialized
        再初期化するcompletion構造体へのポインタ
 *
 * This inline function should be used to reinitialize a completion structure so it can
 * be reused. This is especially important after complete_all() is used.
   このインライン関数は再利用するために completion構造体を再初期化するために使います。
   complete_all()が行われた後であることが重要です。
 */
static inline void reinit_completion(struct completion *x)
{
    x->done = 0;
}
```

　説明を読むと、一度使い終わったコンプリーションを再度使えるようにするための関数であることがわかります。つまり、コンプリーション中はreinit_completion()を使ってはならないということです。実装を見ると、completion構造体のdoneメンバーを初期化していますが、このメンバーはコンプリーションの制御に使われる大変重要な変数です。

　よって、バグ修正方法としてはDMA転送を開始する前でreinit_completion()を呼ぶように変更することになります。

　バグ修正の前のコードでは、wait_for_completion_timeout()を呼び出すより前にDMA転送が完了していたら、このバグが顕在化することはありません。タイミングの問題ではあるのですが、もしかすると開発者のテストではたまたま問題がなかったのかもしれません。

　致命的なバグがあっても発生確率が低いと、テストではなかなか問題を摘出できないこともあります。これはカーネルプログラミングの定めです。

　最後におまけとして、行ごとの修正履歴を見る方法を紹介しておきましょう。

　gitにはblameという機能があり、ソースファイルの各行がいつコミットされたのか、誰がコミットしたのかを知ることができます。blameというのは非難という意味の英単語ですが、Subversionにもblame機能があり、日本語では注釈履歴と呼ばれています。

　上記のバグ修正はLinuxカーネル4.17.14で行われており、reinit_completion()があった行が削除されているので、1つ前のバージョンである4.17.13を見れば、修正履歴を確認できます。

　git blameコマンドの-Lは行番号指定であり、下記では「drivers/i2c/busses/i2c-imx.c」の680行目から699行目を対象としています。

```
# git blame -L 680,+20 drivers/i2c/busses/i2c-imx.c v4.17.13
ce1a78840ff7a (Yao Yuan           2014-11-18 18:31:06 +0800 693)        reinit_completion
(&i2c_imx->dma->cmd_complete);
```

SECTION-015 処理終了の待ち合わせ

　問題のreinit_completion()は2014年11月が最後の修正で、コミットIDはce1a78840ff7aです。

　git showコマンドで修正内容を知ることができます。diffを見ると、2014年11月のコミットで新規追加されたコードにバグが潜在していたことがわかります。

```
# git show ce1a78840ff7a
commit ce1a78840ff7ab846065d5b65eaac959bafe1949
Author: Yao Yuan <yao.yuan@freescale.com>
Date:   Tue Nov 18 18:31:06 2014 +0800

    i2c: imx: add DMA support for freescale i2c driver

    Add dma support for i2c. This function depend on DMA driver.
    You can turn on it by write both the dmas and dma-name properties in dts node.
    DMA is optional, even DMA request unsuccessfully, i2c can also work well.

diff --git a/Documentation/devicetree/bindings/i2c/i2c-imx.txt b/Documentation/
devicetree/bindings/i2c/i2c-imx.txt
+       imx_i2c_write_reg(msgs->addr << 1, i2c_imx, IMX_I2C_I2DR);
+       reinit_completion(&i2c_imx->dma->cmd_complete);
+       result = wait_for_completion_timeout(
+                       &i2c_imx->dma->cmd_complete,
+                       msecs_to_jiffies(DMA_TIMEOUT));
```

■ バグの実例②

　バグの実例を以下に挙げます。

```
コミットID: 2de0279ac99ef40fa72a8ff8328d92833c114784
URL: https://git.kernel.org/pub/scm/linux/kernel/git/stable/linux.git/commit/?h=v4.18.5&id=2
de0279ac99ef40fa72a8ff8328d92833c114784


PCI: pciehp: Fix use-after-free on unplug
commit 281e878eab191cce4259abbbf1a0322e3adae02c upstream.

When pciehp is unbound (e.g. on unplug of a Thunderbolt device), the
hotplug_slot struct is deregistered and thus freed before freeing the
IRQ.  The IRQ handler and the work items it schedules print the slot
name referenced from the freed structure in various informational and
debug log messages, each time resulting in a quadruple dereference of
freed pointers (hotplug_slot -> pci_slot -> kobject -> name).

At best the slot name is logged as "(null)", at worst kernel memory is
exposed in logs or the driver crashes:

  pciehp 0000:10:00.0:pcie204: Slot((null)): Card not present
```

■ SECTION-015 ■ 処理終了の待ち合わせ

```
An attacker may provoke the bug by unplugging multiple devices on a
Thunderbolt daisy chain at once.  Unplugging can also be simulated by
powering down slots via sysfs.  The bug is particularly easy to trigger
in poll mode.

It has been present since the driver's introduction in 2004:
https://git.kernel.org/tglx/history/c/c16b4b14d980

Fix by rearranging teardown such that the IRQ is freed first.  Run the
work items queued by the IRQ handler to completion before freeing the
hotplug_slot struct by draining the work queue from the ->release_slot
callback which is invoked by pci_hp_deregister().
```

↓（拙訳）

PCI: pciehp: PCIホットプラグの取り外しでuse-after-freeバグを修正しました
本流のコミットID 281e878eab191cce4259abbbf1a0322e3adae02c

PCIホットプラグで取り外しを行うとき(たとえばサンダーボルトデバイスの取り外し)、割り込みハンドラ(IRQ)が解放される前に、hotplug_slot構造体本体の登録が解除されて解放されてしまいます。
割り込みハンドラが起動したとき、すでに解放された構造体をたどりスロット名をさまざまな情報とデバッグメッセージの中に表示します。このとき、毎回解放されたポインタを4回もたどることになります(hotplug_slot -> pci_slot -> kobject -> name)。

最善のケースではスロット名は"(null)"とログに表示されますが、最悪のケースではカーネルメモリがログに漏洩するか、もしくはドライバがクラッシュします。

```
    pciehp 0000:10:00.0:pcie204: Slot((null)): Card not present
```

攻撃者はサンダーボルトデイジーチェーン上の複数のデバイスを一度に取り外すことで、バグを誘発するかもしれません。ホットプラグの取り外しは、sysfs経由でスロットをダウンさせることで再現できます。このバグはポーリングモードにおいて容易に発生させることができます。

このバグは2004年に作り込まれました。
https://git.kernel.org/tglx/history/c/c16b4b14d980

割り込みハンドラが最初に解放されるように、処理を分解して修正しました。割り込みハンドラにキューイングされた処理を、hotplug_slot構造体が解放される前に完了させます。pci_hp_deregister()から呼び出される->release_slotコールバックで、ワークキューの掃き出しを行うようにしました。

　PCI Expressホットプラグドライバのバグ修正です。コミットメッセージによると2004年に作り込まれたバグとあり、本修正が2018年なので14年越しに直されたことになります。

■ SECTION-015 ■ 処理終了の待ち合わせ

　オープンソース界隈では大昔に作り込まれたバグが、ずいぶん後になって修正されることがあり、時々ニュースになることがありますが、実際にはそれほど驚くことでもないです。それほど長い間、バグが放置されていたということは、バグが顕在化しなかったということであり、重要度の低い問題であるといえるからです。ただし、メディアに取り上げる側から見れば、ニュースのタイトルとして興味を引きつけることができるので、大々的に話題にしようとするのでしょう。

　PCI Expressは拡張スロットのバス規格のことで、拡張カード（PCIカード）を実装するために使われます。PCIバスの規格は時代とともに変遷しており、PCI Expressが現在の主流です。

　PCIカードはPCの電源を落とした状態で実装し、PCの電源を入れることでOSからPCIカードが使えるようになります。OSの動作中はPCIカードが通電状態であるため、取り外すことはできません。手で触ると感電します。

　しかし、高級なPCサーバーであれば、ホットプラグ機構を搭載しているため、OSの動作中にPCIカードを追加したり、取り外したりすることができます。このことをホットプラグ、活線挿抜などと呼びます。追加することをホットアッド、取り外すことをホットリムーブともいいます。

　どういう仕組みなのか、簡単に流れを示します。

　ホットアッドは以下のような流れです。

- PCIカードを実装→ボタンを押してPCIカードに電源を入れる→OSに通知→OSがファームウェアと連携してPCIカードを認識する

ホットリムーブは以下のような流れです。

- OSからPCIカードの取り外し指示を行う→OSからファームウェアに通知→ファームウェアがPCIカードの電源を落とす→PCIカードが取り外せるようになる

　つまり、ホットプラグという機構はOS、ファームウェア、ハードウェアの3者が連携して実現されている仕組みであるといえます。ファームウェアというのはBIOS（UEFIファームウェア）のことで、場合によってはBMCファームウェアも含みます。

　Linuxはエンタープライズ領域もサポートしているため、古くからホットプラグ機構も実装されています。今回はそのホットプラグ機構に関するバグ修正となります。

　修正内容（diff）を見ると、修正量は多くないものの修正箇所が離れているため、diffだけで見てもよくわからないので全体の動きを把握する必要があります。そこで修正対象となっているソースファイルの処理の流れを見ていくことにします。

- drivers/pci/hotplug/pciehp_core.c
- drivers/pci/hotplug/pciehp_hpc.c

　ここでコミットメッセージを読むと、ホットリムーブ処理と割り込みハンドラの競合であると書いてあるので、その観点で見ていきます。

　最初にホットアッド処理を見ておきます。PCI Expressホットプラグコントローラドライバのprobe処理になります。

■ SECTION-015 ■ 処理終了の待ち合わせ

pciehp_probe
　init_slot
　　pci_hp_register

　probe処理の延長でrelease_slot()を登録しているところがありますが、この関数が後でホットリムーブ処理で使われるので覚えておきましょう。

CODE drivers/pci/hotplug/pciehp_core.c

```
static void release_slot(struct hotplug_slot *hotplug_slot)
{
    kfree(hotplug_slot->ops);
    kfree(hotplug_slot->info);
    kfree(hotplug_slot);
}

static int init_slot(struct controller *ctrl)
{
        :
        :
    hotplug->release = &release_slot;
    retval = pci_hp_register(hotplug,
            ctrl->pcie->port->subordinate, 0, name);
        :
        :
}
```

　次に割り込みハンドラです。割り込みハンドラの関数はpcie_isr()で、pciehp_request_irq()の中でIRQして登録されています。

pcie_isr
　pciehp_isr

　コミットメッセージでは割り込みハンドラにおけるスロット名の表示が不正になるということが書いてあるので、割り込みハンドラにおける該当する処理を以下に抜粋します。slot構造体へのポインタを使ってslot_name()で文字列を取得する箇所がいくつもあることがわかります。

CODE drivers/pci/hotplug/pciehp_hpc.c

```
static irqreturn_t pciehp_isr(int irq, void *dev_id)
{
    struct slot *slot = ctrl->slot;
            :
            :
    if (events & PCI_EXP_SLTSTA_ABP) {
        ctrl_info(ctrl, "Slot(%s): Attention button pressed\n",
            slot_name(slot));
```

```
            pciehp_queue_interrupt_event(slot, INT_BUTTON_PRESS);
    }
            :
            :
    if (events & PCI_EXP_SLTSTA_DLLSC) {
        ctrl_info(ctrl, "Slot(%s): Link %s¥n", slot_name(slot),
              link ? "Up" : "Down");
        pciehp_queue_interrupt_event(slot, link ? INT_LINK_UP :
                       INT_LINK_DOWN);
    } else if (events & PCI_EXP_SLTSTA_PDC) {
        present = !!(status & PCI_EXP_SLTSTA_PDS);
        ctrl_info(ctrl, "Slot(%s): Card %spresent¥n", slot_name(slot),
              present ? "" : "not ");
        pciehp_queue_interrupt_event(slot, present ? INT_PRESENCE_ON :
                       INT_PRESENCE_OFF);
    }

    if ((events & PCI_EXP_SLTSTA_PFD) && !ctrl->power_fault_detected) {
        ctrl->power_fault_detected = 1;
        ctrl_err(ctrl, "Slot(%s): Power fault¥n", slot_name(slot));
        pciehp_queue_interrupt_event(slot, INT_POWER_FAULT);
    }
}
```

それでは、ホットリムーブ処理を見ていきましょう。PCIカードの取り外しは仕掛かり中の処理をすべて停止させる必要があるため、実装の難易度も上がります。

```
pciehp_remove
  cleanup_slot
    pci_hp_deregister
      slot->release(slot) → release_slot()   ①
  pciehp_release_ctrl
    pcie_shutdown_notification
      pciehp_free_irq                    ②
    pcie_cleanup_slot
      cancel_delayed_work
      destroy_workqueue
      kfree
```

ここで流れをよく見ると、最初にrelease_slot()が呼び出されてスロット関連のメモリが解放されています。次にpciehp_free_irq()で割り込みハンドラが登録解除されています（①と②）。

この2つの処理の順番が逆であることがバグです。ハードウェア割り込みは割り込みハンドラの登録解除しない限り、いつ発生するかわからない代物なので、release_slot()でメモリ解放後に割り込みハンドラが動き出すことが十分にありえるからです。コミットメッセージで「use-after-free」というキーワードが出てくるのも、これが理由です。

■ SECTION-015 ■ 処理終了の待ち合わせ

下図に問題発生までの流れを示します。

●問題発生のメカニズム

```
ホットリムーブ                          割り込みハンドラ

pciehp_remove                           pcie_isr
                    解放    hotplug_slot
cleanup_slot       ────▶     メモリ    ────┐
                                            │
pcie_shutdown      解放    割り込み          │    pciehp_isr
_notification      ────▶   ハンドラ   ──✕──┘
                                       すでに解放済みのメモリ領域へ
pcie_cleanup_slot                      アクセスを行っている。
```

バグ修正方法としては、先に割り込みハンドラの登録解除を行い、確実に割り込みハンドラが呼び出されない状態にしてから、メモリ領域を解放していくことになります。

修正後の処理の流れは以下の通りです。

```
release_slot
    cancel_delayed_work     ⑤
    drain_workqueue         ⑤

pciehp_remove
    pcie_shutdown_notification
        pciehp_free_irq             ③
    cleanup_slot
        pci_hp_deregister
            slot->release(slot) → release_slot()   ④
    pciehp_release_ctrl
        pcie_cleanup_slot
            destroy_workqueue
            kfree
```

pciehp_remove()では先に割り込みハンドラの登録解除がなされるように、pcie_shutdown_notification()を呼びます（③）。この後は割り込みハンドラが呼ばれることがなくなるので安心です。

release_slot()ではメモリ領域の解放を行う前に、仕掛かり中の処理を停止させる必要があります（④と⑤）。これをやらずに解放すると、仕掛かり中の処理で「use-after-free」バグが発生してしまいます。

CODE drivers/pci/hotplug/pciehp_core.c

```
static void release_slot(struct hotplug_slot *hotplug_slot)
{
    struct slot *slot = hotplug_slot->private;

    /* queued work needs hotplug_slot name */
    cancel_delayed_work(&slot->work);      ⑤
    drain_workqueue(slot->wq);             ⑤

    kfree(hotplug_slot->ops);
    kfree(hotplug_slot->info);
    kfree(hotplug_slot);
}
```

バグ修正後のrelease_slot()を上記に示します。
⑤に示す2つの関数が追加となっています。

cancel_delayed_work()はワークキューにある仕掛かり中の処理をキャンセルしています。drain_workqueue()はワークキューが空になるまで待ちます。

どちらもワークキュー（workqueue）という言葉を使いましたが、両者の関数で指定されている引数はそれぞれ別物です。

cancel_delayed_work()のslot->workは遅延ワークキューと呼ばれます。drain_workqueue()のslot->wqはオーダーワークキューと呼ばれます。以下に示すように初期化を行います。

CODE drivers/pci/hotplug/pciehp_hpc.c

```
static int pcie_init_slot(struct controller *ctrl)
{
    slot->wq = alloc_ordered_workqueue("pciehp-%u", 0, PSN(ctrl));
    INIT_DELAYED_WORK(&slot->work, pciehp_queue_pushbutton_work);
}
```

以下に示すコードを使うことで、指定した時間（下記例では5秒）の経過後に、指定した関数pciehp_queue_pushbutton_work()を呼び出すことができます。遅延（delayed）と呼ばれる所以です。

```
queue_delayed_work(p_slot->wq, &p_slot->work, 5*HZ);
```

CHAPTER 07

シンプルなミス

　本章ではケアレスミスとも呼べるシンプルなバグ修正について見ていきます。初心者および経験者に限らず、誰でもちょっとしたミスをすることはあるものです。コーディングをしているときにバグを作り込んでしまい、後から気付くこともあります。また、コーディングした段階では問題なくても、後の仕様変更で問題となることもあります。

SECTION-016

ビルドエラー

ビルドエラーに関するバグ修正の実例について見ていきます。

コミットID: fcaef4e27f16b92d4d97ac56fd0f9875438b7678
URL: https://git.kernel.org/pub/scm/linux/kernel/git/stable/linux.git/commit/?h=v4.18.2&id=fcaef4e27f16b92d4d97ac56fd0f9875438b7678

x86: i8259: Add missing include file
commit 0a957467c5fd46142bc9c52758ffc552d4c5e2f7 upstream.

i8259.h uses inb/outb and thus needs to include asm/io.h to avoid the
following build error, as seen with x86_64:defconfig and CONFIG_SMP=n.

  In file included from drivers/rtc/rtc-cmos.c:45:0:
  arch/x86/include/asm/i8259.h: In function 'inb_pic':
  arch/x86/include/asm/i8259.h:32:24: error:
    implicit declaration of function 'inb'

  arch/x86/include/asm/i8259.h: In function 'outb_pic':
  arch/x86/include/asm/i8259.h:45:2: error:
    implicit declaration of function 'outb'

　　　　　↓（拙訳）

x86: i8259: includeファイルの漏れを追加しました
本流のコミットIDは 0a957467c5fd46142bc9c52758ffc552d4c5e2f7 です。

i8259.hはinbとoutb関数を使っているので、asm/io.hをincludeする必要があります。x86_64のデフォルトコンフィグレーションで、「CONFIG_SMP=n」と設定することで、以下に示すビルドエラーが発生します。

  In file included from drivers/rtc/rtc-cmos.c:45:0:
  arch/x86/include/asm/i8259.h: In function 'inb_pic':
  arch/x86/include/asm/i8259.h:32:24: error:
    implicit declaration of function 'inb'

  arch/x86/include/asm/i8259.h: In function 'outb_pic':
  arch/x86/include/asm/i8259.h:45:2: error:
    implicit declaration of function 'outb'

　上記はとてもわかりやすいバグ修正です。「drivers/rtc/rtc-cmos.c」を特定の条件でカーネルをビルドしようとすると、includeヘッダが足りていないため、ビルドが失敗するというものです。i8259.hではinb()とoutb()をインライン関数で使っていますが、これらの関数はio.hで定義されているのでビルドが通らないということです。

修正方法もシンプルで、1行追加するだけです。

CODE arch/x86/include/asm/i8259.h

```
 #include <linux/delay.h>
+#include <asm/io.h>

extern unsigned int cached_irq_mask;
```

ところで、なぜ「CONFIG_SMP=y」の場合はビルドエラーにならないのでしょうか？

i8259.hは下記のようにインライン関数として定義されているため、当該ヘッダファイルをincludeする以上、どこかにinb()とoutb()の実体がないといけません。

CODE arch/x86/include/asm/i8259.h

```
static inline unsigned char inb_pic(unsigned int port)
{
    unsigned char value = inb(port);
    udelay(2);
    return value;
}

static inline void outb_pic(unsigned char value, unsigned int port)
{
    outb(value, port);
    udelay(2);
}
```

このことから「CONFIG_SMP=y」とすることで、どこかでinb()とoutb()が定義されているということがいえます。

この疑問を解決するために、「drivers/rtc/rtc-cmos.c」のプリプロセス結果を見てみることにします。Linuxカーネルでデフォルトコンフィグレーション(x86_64)を行い、「CONFIG_SMP=y」であることを確認します。

```
# make defconfig
# grep _SMP= .config
CONFIG_SMP=y
```

このままmakeすると、カーネルの全ビルドが行われてしまうため、RTCドライバだけビルドするようにします。「arch/x86/include/asm/i8259.h」に「asm/io.h」がincludeされていない状態でビルドが通ることを確認します。

```
# make drivers/rtc/rtc-cmos.o
# file drivers/rtc/rtc-cmos.o
drivers/rtc/rtc-cmos.o: ELF 64-bit LSB relocatable, x86-64, version 1 (SYSV), not stripped
```

■ SECTION-016 ■ ビルドエラー

次に、RTCドライバのMakefileに下記の1行を追加して、再度ビルドします。これはビルドをプリプロセッサまで行うという指示で、最終的にビルドは失敗しますが期待通りです。

CODE drivers/rtc/Makefile

```
EXTRA_CFLAGS += -P -E -C
```

```
# make drivers/rtc/rtc-cmos.o
  CC      arch/x86/kernel/asm-offsets.s
  CALL    scripts/checksyscalls.sh
  DESCEND objtool
  CC      drivers/rtc/rtc-cmos.o
drivers/rtc/rtc-cmos.o: warning: objtool: gelf_getehdr: invalid `Elf' handle
scripts/Makefile.build:317: recipe for target 'drivers/rtc/rtc-cmos.o' failed
make[1]: *** [drivers/rtc/rtc-cmos.o] Error 1
Makefile:1653: recipe for target 'drivers/rtc/rtc-cmos.o' failed
make: *** [drivers/rtc/rtc-cmos.o] Error 2
# file drivers/rtc/rtc-cmos.o
# drivers/rtc/rtc-cmos.o: Linux make config build file, UTF-8 Unicode text, with very long lines
```

「drivers/rtc/rtc-cmos.o」はオブジェクトファイルではなく、中身はテキストファイルになっています。中身を見ると、確かにinb()とoutb()が展開されていることがわかりますが、行数が非常に長く読みづらいです。fileコマンドで「with very long lines」と表示されているのも、このことを表しています。

CODE drivers/rtc/rtc-cmos.o

```
static inline __attribute__((unused)) __attribute__((no_instrument_function)) void outb(unsigned char value, int port) { asm volatile("out" "b" " %" "b" "0, %w1" : : "a"(value), "Nd"(port)); }
static inline __attribute__((unused)) __attribute__((no_instrument_function)) unsigned char inb(int port) { unsigned char value; asm volatile("in" "b" " %w1, %" "b" "0" : "=a"(value) : "Nd"(port)); return value; } static inline __attribute__((unused)) __attribute__((no_instrument_function)) void outb_p(unsigned char value, int port) { outb(value, port); slow_down_io(); } static in
```

なんとなく「asm/io.h」がincludeされているらしいことはわかりましたので、詳細を突き詰めていきます。「asm/io.h」のヘッダフェアの先頭に、下記の1行を追加して、RTCドライバをビルドします。こうすることで、プリプロセッサ処理で警告が出せます。

CODE arch/x86/include/asm/io.h

```
#warning yutaka
```

```
# make drivers/rtc/rtc-cmos.o
  CC      drivers/rtc/rtc-cmos.o
In file included from ./arch/x86/include/asm/realmode.h:15:0,
                 from ./arch/x86/include/asm/acpi.h:33,
                 from ./arch/x86/include/asm/fixmap.h:19,
                 from ./arch/x86/include/asm/apic.h:10,
                 from ./arch/x86/include/asm/smp.h:13,
                 from ./arch/x86/include/asm/mmzone_64.h:11,
                 from ./arch/x86/include/asm/mmzone.h:5,
                 from ./include/linux/mmzone.h:911,
                 from ./include/linux/gfp.h:6,
                 from ./include/linux/umh.h:4,
                 from ./include/linux/kmod.h:22,
                 from ./include/linux/module.h:13,
                 from drivers/rtc/rtc-cmos.c:35:
./arch/x86/include/asm/io.h:1:2: warning: #warning yutaka [-Wcpp]
 #warning yutaka
  ^~~~~~~
```

「#warning」を追加したことで、ヘッダファイルがどこから呼ばれてきたのかが一目瞭然です。下から上に読んでいくのですが、「drivers/rtc/rtc-cmos.c」でincludeしている「linux/module.h」から始まり、途中「asm/smp.h」を通過して、最終的に「asm/io.h」がincludeされています。このincludeの流れは「CONFIG_SMP=y」の場合であり、そうではない場合は、どこからも「asm/io.h」がincludeされないということになります。

以上で見てきたように、最初に作ったときには特に問題なくビルドできたものでも、ちょっと設定を変えたことでビルドが通らなくなるということは、Linuxカーネルではよくあることです。

Linuxカーネルはカーネルコンフィグレーションという仕組みで、不必要な機能をビルド対象外にすることができます。この仕組みはC言語のプリプロセッサ機能（#ifdef～#endif）を利用して実現されています。

すべての設定の組み合わせをテストすることは現実的には不可能であるため、ソースファイル（.c）を記述するときは、外部呼び出しする関数が定義されているincludeヘッダを明示的に指定することで、今回のようなミスを未然に防ぐことができます。

SECTION-017

コピペミス

コピペミスに関するバグ修正の実例について見ていきます。

```
コミットID: 26c0bac0c117d9ef59ec22ffd2e66c1d88886267
URL: https://git.kernel.org/pub/scm/linux/kernel/git/stable/linux.git/commit/?h=v4.18.16&id=26c0bac0c117d9ef59ec22ffd2e66c1d88886267

spi: gpio: Fix copy-and-paste error
[ Upstream commit 1723c3155f117ee6e00f28fadf6e9eda4fc85806 ]

This fixes an embarrassing copy-and-paste error in the
errorpath of spi_gpio_request(): we were checking the wrong
struct member for error code right after retrieveing the
sck GPIO.

Fixes: 9b00bc7b901ff672 ("spi: spi-gpio: Rewrite to use GPIO descriptors")

        ↓(拙訳)

spi: gpio: コピーアンドペーストのミスを修正しました
[ 本流のコミットID 1723c3155f117ee6e00f28fadf6e9eda4fc85806 ]

このバグ修正はspi_gpio_request()のエラー処理における恥ずかしいコピーアンドペーストのミスです。
私たちはsck GPIOを取得したときのエラー処理で、間違った構造体メンバーをチェックしていました。

修正: 9b00bc7b901ff672 ("spi: spi-gpio: Rewrite to use GPIO descriptors")
```

コミットメッセージからはなんだか申し訳ない気持ちが伝わってきますが、具体的にどんなバグだったのかコードを見てみましょう。以下はバグ修正前のコードです。

CODE drivers/spi/spi-gpio.c

```
static int spi_gpio_request(struct device *dev,
                struct spi_gpio *spi_gpio,
                unsigned int num_chipselects,
                u16 *mflags)
{
    spi_gpio->mosi = devm_gpiod_get_optional(dev, "mosi", GPIOD_OUT_LOW);
    if (IS_ERR(spi_gpio->mosi))          ①
        return PTR_ERR(spi_gpio->mosi);  ①
    if (!spi_gpio->mosi)
        *mflags |= SPI_MASTER_NO_TX;

    spi_gpio->miso = devm_gpiod_get_optional(dev, "miso", GPIOD_IN);
```

```
    if (IS_ERR(spi_gpio->miso))            ②
        return PTR_ERR(spi_gpio->miso);    ②
    if (!spi_gpio->miso)
        *mflags |= SPI_MASTER_NO_RX;

    spi_gpio->sck = devm_gpiod_get(dev, "sck", GPIOD_OUT_LOW);
    if (IS_ERR(spi_gpio->mosi))            ③
        return PTR_ERR(spi_gpio->mosi);    ③
}
```

③の部分がバグで、①とまったく同じ処理になっています。「spi_gpio->sck」の値が適切かどうかをチェックしなければならないので、以下のコードが正解です。

```
    if (IS_ERR(spi_gpio->sck))
        return PTR_ERR(spi_gpio->sck);
```

コピペミスといっているので、おそらく①のコードをコピーして②と③のコードを作ったときに、修正漏れがあったということなのでしょう。

しかしながら、コピペミスというのはバグを作り込んだ原因であり、バグが摘出できなかった原因ではありません。コードレビューで見落としがあったのかもしれないですし、テストで見つけられなかったのかもしれません。特に今回のような異常系パスの場合は、単体テストで意図的に「spi_gpio->sck」を「負数のポインタ」にしなければ、IS_ERR()が真になりません。機能テストだけでは、常にIS_ERR()は偽になるため、テストで問題を見つけることはできないのです。

コードレビューで見つけられなかったとしても、単体テストが不十分だったことによりバグが事前に摘出できなかったと考えられます。

SECTION-018

不要コードの除去漏れ

不要コードの除去漏れに関するバグ修正の実例について見ていきます。

> コミットID: 88723e6ec53b135e6e4fde1e1336386fa358adc5
> URL: https://git.kernel.org/pub/scm/linux/kernel/git/stable/linux.git/commit/?h=v4.19.5&id=88723e6ec53b135e6e4fde1e1336386fa358adc5&context=10&ignorews=0&dt=0
>
> x86/ldt: Remove unused variable in map_ldt_struct()
> commit b082f2dd80612015cd6d9d84e52099734ec9a0e1 upstream
>
> Splitting out the sanity check in map_ldt_struct() moved page table syncing into a separate function, which made the pgd variable unused. Remove it.
>
> [tglx: Massaged changelog]
>
> Fixes: 9bae3197e15d ("x86/ldt: Split out sanity check in map_ldt_struct()")

↓(拙訳)

> x86/ldt: map_ldt_struct()で未使用変数を削除しました
> 本流のコミットID b082f2dd80612015cd6d9d84e52099734ec9a0e1
>
> map_ldt_struct()における妥当性チェックを分割して、ページテーブルの同期処理を別関数にしていましたが、pgd変数が未使用となっていました。よって、この変数を削除しました。
>
> [tglx: 更新履歴]
>
> 修正: 9bae3197e15d ("x86/ldt: Split out sanity check in map_ldt_struct()")

バグ修正の内容は以下の通りです。

diffを見ると、pgdというローカル変数と変数に代入している処理、コメント文が削除されています。

CODE arch/x86/kernel/ldt.c

```
@@ -207,7 +207,6 @@ map_ldt_struct(struct mm_struct *mm, struct ldt_struct *ldt, int slot)
     bool is_vmalloc;
     spinlock_t *ptl;
     int i, nr_pages;
-    pgd_t *pgd;

     if (!static_cpu_has(X86_FEATURE_PTI))
         return 0;
@@ -221,13 +220,6 @@ map_ldt_struct(struct mm_struct *mm, struct ldt_struct *ldt, int slot)
```

■ SECTION-018 ■ 不要コードの除去漏れ

```
    /* Check if the current mappings are sane */
    sanity_check_ldt_mapping(mm);

-   /*
-    * Did we already have the top level entry allocated?  We can't
-    * use pgd_none() for this because it doesn't do anything on
-    * 4-level page table kernels.
-    */
-   pgd = pgd_offset(mm, LDT_BASE_ADDR);
-
    is_vmalloc = is_vmalloc_addr(ldt->entries);

    nr_pages = DIV_ROUND_UP(ldt->nr_entries * LDT_ENTRY_SIZE, PAGE_SIZE);
```

　もともと、map_ldt_struct()ではpgd変数を使った処理があったのですが、「9bae3197e15d」の修正で処理が別関数に切り出されてしまったことで、処理自体がmap_ldt_struct()からなくなってしまいました。このときに不要となった変数も削除しておくべきだったのが残ってしまったということです。

　実際のところ、不要なコードが残っているというだけで実害があるわけではないので、厳密にはバグというわけではありません。どちらかというと、今後の保守のための改善と考えるのが正しいです。このような改善作業のことをリファクタリングといいます。

SECTION-019

最新仕様追従漏れ

最新仕様追従漏れに関するバグ修正の実例について見ていきます。

```
コミットID: 47b6e5b549a7c57def999c2ac9d928a22b9bf594
URL: https://git.kernel.org/pub/scm/linux/kernel/git/stable/linux.git/commit/?h=v4.16.4&id=47b6e5b549a7c57def999c2ac9d928a22b9bf594

udf: Fix leak of UTF-16 surrogates into encoded strings
commit 44f06ba8297c7e9dfd0e49b40cbe119113cca094 upstream.

OSTA UDF specification does not mention whether the CS0 charset in case
of two bytes per character encoding should be treated in UTF-16 or
UCS-2. The sample code in the standard does not treat UTF-16 surrogates
in any special way but on systems such as Windows which work in UTF-16
internally, filenames would be treated as being in UTF-16 effectively.
In Linux it is more difficult to handle characters outside of Base
Multilingual plane (beyond 0xffff) as NLS framework works with 2-byte
characters only. Just make sure we don't leak UTF-16 surrogates into the
resulting string when loading names from the filesystem for now.


            ↓(拙訳)

udf: UTF-16サロゲートペアのエンコード文字列のリークを修正しました

OSTA UDF仕様では、一文字あたり2バイトのCS0キャラセットをUTF-16とUCS-2のどちらで扱うかについて言及していません。仕様の中のサンプルコードではUTF-16サロゲートペアを取り扱っていませんが、Windowsのようなシステムでは内部がUTF-16で動作しており、ファイル名はUTF-16として取り扱われています。
Linuxでは、基本多言語面(0xffffを超える)の文字列を扱うのは非常に難しいです。なぜならば、NLSフレームワークが2バイトの文字しかサポートしていないからです。そこで、私たちはファイルシステムからファイル名を読み込むとき、UTF-16サロゲートペアを文字列の中にリークさせないようにしました。
```

Unicodeに関するバグ修正です。

Unicode(ユニコード)というのは世界中の文字のすべてを1つの仕様に定義しようとする試みのことです。Unicodeが登場する前は、国ごとに独自に言語仕様を策定していたため、万国共通のソフトウェアを開発するのが困難という課題がありました。

Unicodeという仕組みを使ってソフトウェアを開発すれば、開発者が母国の言語しか理解できなかったとしても、そのソフトウェアは万国共通で動作することが期待できます。

SECTION-019 ■ 最新仕様追従漏れ

　Unicodeは初期思想では1文字を2バイトとして定義しており、2バイトで足りるだろうと考えられていました。しかし、2バイトではたったの6万文字ちょっと（65535文字）しか表現できず、結果として2バイトでは足りませんでした。その後、Unicodeの仕様が更新され、現在では3バイトまで拡張されています。最近は絵文字まで登録されるようになってきたので、今後も増えていくことが予想されます。Unicodeの最新仕様はバージョン12（2019年3月）です。

　Unicodeでは文字の定義は一律で決め、「U+XXXX」という表記をします。たとえば、アルファベットの「A」は「U+0041」であり、ASCIIコードの0x41と同じアサインになっています。「あ」は「U+3042」、「豊」は「U+8C4A」です。この定義は仕様なので、どのプラットフォームにも共通です。2バイトに収まらなかった文字は3バイトとなり、「U+20000」のように表記されます。

　Unicodeで定義された文字をプログラム上でどう表現するか、というのはまた別の話です。たとえば、Aという文字を0x41と1バイトで表現するのか、0x0041と2バイトで表現するのか、0x00000041と4バイトで表現するのか、方法はさまざまです。また、2バイト以上になるとエンディアンも考慮しなければなりません。

　このようにUnicodeをプログラム上でどう表現するかのことをエンコーディングといいます。もし、Aという文字をプログラム上では4バイト（0x00000041）で表すならば、文字コードはU+0041で、エンコーディングは0x00000041となります。

　エンコーディング方法もさまざまですが、UTF-8とUTF-16が主流です。

　Linuxでは、エンコーディングとしてUTF-8が標準的に使われています。UTF-8はアルファベットや数字のコードが従来のASCIIコードと同じであるため、Linuxと相性が良いことから、早期からサポートされています。

　WindowsのほうがUnicode対応は早かったのですが、UTF-16がサポートされています。UTF-16は原則、1文字を2バイトで扱うため、アルファベットや数字も2バイトとなり、先頭に0x00が来ることになります。LinuxではそれがNULLと解釈されてしまうことから、LinuxにはUTF-16の導入が難しかったという背景があります。

　今回のバグ修正はUDFというファイルシステムにおけるものです。UDF（Universal Disk Format）はDVDやBDで採用されているファイルフォーマットで、Unicodeに対応しているのが特徴です。UDFを規定しているのはOSTA（Optical Storage Technology Association）という光ディスクを推進する団体です。

　Windowsで作成したDVD/BDディスクをLinuxで読み込むには、UTF-16からUTF-8に変換する必要があります。その変換を行うがudf_uni2char_utf8()になります。

SECTION-019 最新仕様追従漏れ

CODE fs/udf/unicode.c

```c
static int udf_uni2char_utf8(wchar_t uni,
                 unsigned char *out,
                 int boundlen)
{
    int u_len = 0;

    if (boundlen <= 0)
        return -ENAMETOOLONG;

    if (uni < 0x80) {
        out[u_len++] = (unsigned char)uni;
    } else if (uni < 0x800) {
        if (boundlen < 2)
            return -ENAMETOOLONG;
        out[u_len++] = (unsigned char)(0xc0 | (uni >> 6));
        out[u_len++] = (unsigned char)(0x80 | (uni & 0x3f));
    } else {
        if (boundlen < 3)
            return -ENAMETOOLONG;
        out[u_len++] = (unsigned char)(0xe0 | (uni >> 12));
        out[u_len++] = (unsigned char)(0x80 | ((uni >> 6) & 0x3f));
        out[u_len++] = (unsigned char)(0x80 | (uni & 0x3f));
    }
    return u_len;
}
```

　この関数では第1引数(uni)がwchat_tというワイドキャラクタ型になっていますが、2バイトもしくは4バイトとなり、実際には処理系依存となります。wchat_tでUTF-16の文字列を受け取り、UTF-8に変換をしています。

　UTF-16では一文字を2バイトとして扱うので、UTF-8に変換すると1～3バイトになります。

　しかし、Unicodeの仕様のアップデートにより、上記のコードでは対応が不十分となります。UTF-16では2バイトで1文字と扱う方式なので、結局のところ6万文字を超える文字が表現できません。そこで、従来のUnicodeで未使用だった0xD800～0xDFFFを使って4バイトで1文字を表すサロゲートペアという仕組みが後に導入されました。

　0xD800～0xDBFFを上位サロゲート、0xDC00～0xDFFFを下位サロゲートと位置付け、「上位サロゲート(2バイト)＋下位サロゲート(2バイト)」という組み合わせで1文字として、足りていなかった文字を表現します。

　ソフトウェアの観点から見ると、これまで1文字を2バイトと扱えばよかったところに、例外として4バイトの文字を処理しないといけないことになります。

　udf_uni2char_utf8()ではサロゲートペアに対応できていないことが問題となります。本修正ではサロゲートペアが含まれていたら、エラーとする処置が入りました。

SECTION-019 最新仕様追従漏れ

CODE fs/udf/unicode.c

```
 #include "udf_sb.h"

+#define SURROGATE_MASK 0xfffff800
+#define SURROGATE_PAIR 0x0000d800
+
 static int udf_uni2char_utf8(wchar_t uni,
                  unsigned char *out,
                  int boundlen)
@@ -37,6 +40,9 @@ static int udf_uni2char_utf8(wchar_t uni,
    if (boundlen <= 0)
        return -ENAMETOOLONG;

+   if ((uni & SURROGATE_MASK) == SURROGATE_PAIR)
+       return -EINVAL;
+
    if (uni < 0x80) {
        out[u_len++] = (unsigned char)uni;
    } else if (uni < 0x800) {
```

　上記の対応ではサロゲートペアをエラーにしているだけなので、本質的な対応ではありません。また、UTF-8は6バイトまでの可変長に対応しているので、サロゲートペア以外にも上記のコードでは対応が不十分です。

　上記の修正はLinuxカーネル4.16.4に対するものですが、Linuxカーネルの最先端ではサロゲートペアも6バイトまでの可変長にも対応した実装になっています。

SECTION-020

関数の途中リターン

関数の途中リターンに関するバグ修正の実例について見ていきます。

コミットID: c6a3a884fdfd1f92c9fde05d72ed1b66974a27f3
URL: https://git.kernel.org/pub/scm/linux/kernel/git/stable/linux.git/commit/?h=v4.16.7&id=c6a3a884fdfd1f92c9fde05d72ed1b66974a27f3&context=20&ignorews=0&dt=1

x86/microcode: Do not exit early from __reload_late()
commit 09e182d17e8891dd73baba961a0f5a82e9274c97 upstream.

Vitezslav reported a case where the

  "Timeout during microcode update!"

panic would hit. After a deeper look, it turned out that his .config had
CONFIG_HOTPLUG_CPU disabled which practically made save_mc_for_early() a
no-op.

When that happened, the discovered microcode patch wasn't saved into the
cache and the late loading path wouldn't find any.

This, then, lead to early exit from __reload_late() and thus CPUs waiting
until the timeout is reached, leading to the panic.

In hindsight, that function should have been written so it does not return
before the post-synchronization. Oh well, I know better now...

Fixes: bb8c13d61a62 ("x86/microcode: Fix CPU synchronization routine")

↓(拙訳)

x86/microcode: __reload_late()は早期に終了してはならなかったのです
本流のコミットID 09e182d17e8891dd73baba961a0f5a82e9274c97

Vitezslavhaは以下に示す現象を報告しました。

  "Timeout during microcode update!"

カーネルパニックが起こっていました。詳細な調査の結果、氏の.configではCONFIG_HOTPLUG_CPUが無効化されており、save_mc_for_early()が何もしていない(NOP)ことがわかりました。

この現象が発生したとき、マイクロコードのパッチはキャッシュに残っておらず、後から読み込まれた形跡もありませんでした。

■ SECTION-020 ■ 関数の途中リターン

> つまり、__reload_late()が早期に終了してしまい、CPUはタイムアウトが発生するまで待ち続け、それがカーネルパニックにつながっていました。
>
> 後になって考えてみれば、この関数はPOST同期の前に戻ってきてはならなかったのです。そう、私はよく知っています…。
>
> 修正: bb8c13d61a62 ("x86/microcode: Fix CPU synchronization routine")

　コミットメッセージを読むと、開発者の苦悩が書かれており、どんなバグだったかが少し読み取りにくいのですが、修正内容は意外にシンプルです。

　以下に修正前と修正後のコードを示します。修正前の①が修正後の③に変わり、②のelse節が削除されています。つまり、最初の__wait_for_cpus()のリターンを除いて、途中リターンがなくなっているということです。

CODE arch/x86/kernel/cpu/microcode/core.c(修正前)

```
static int __reload_late(void *info)
{
           :
           :
    if (__wait_for_cpus(&late_cpus_in, NSEC_PER_SEC))
        return -1;

    if (err > UCODE_NFOUND) {
        pr_warn("Error reloading microcode on CPU %d\n", cpu);
        return -1;          ①
    } else if (err == UCODE_UPDATED || err == UCODE_OK) {
        ret = 1;
    } else {
        return ret;         ②
    }

    if (__wait_for_cpus(&late_cpus_out, NSEC_PER_SEC * num_online_cpus()))
        panic("Timeout during microcode update!\n");

    return ret;
}
```

CODE arch/x86/kernel/cpu/microcode/core.c(修正後)

```
static int __reload_late(void *info)
{
           :
           :
    if (__wait_for_cpus(&late_cpus_in, NSEC_PER_SEC))
        return -1;
```

■ SECTION-020 ■ 関数の途中リターン

```
    if (err > UCODE_NFOUND) {
        pr_warn("Error reloading microcode on CPU %d¥n", cpu);
        ret = -1;                    ③
    } else if (err == UCODE_UPDATED || err == UCODE_OK) {
        ret = 1;
    }

    if (__wait_for_cpus(&late_cpus_out, NSEC_PER_SEC * num_online_cpus()))
        panic("Timeout during microcode update!¥n");

    return ret;
}
```

　__reload_late()で行うことはマイクロコードを読み込むことです。マイクロコードというのはCPUの命令コードの塊のようなもので、CPUのバグ修正をソフトウェアレベルで行うことができる仕組みです。通常、CPUのようなハードウェアのバグは、ハードウェアそのものを改造するしかないのですが、マイクロコードの仕組みを利用するとハードウェアの改造なしにCPUのバグを改修することができるのです。一般的に言われる「ハードのバグはソフトで直す」というのは、実はこれのことです。

　マイクロコードはCPUのメーカー（Intelなど）からベンダーに提供されるため、BIOS（UEFIファームウェア）やOSに組み込まれます。

　__reload_late()の流れは以下の通りです。

1 全CPUの到着を待つ（CPUランデブー）
2 自CPUにマイクロコードを適用する
3 全CPUの適用完了を待つ

　マイクロコードはCPUのバグを修正するためのものなので、全CPUに適用する必要があります。そのため、全CPUが足並み揃えてマイクロコードの適用をする必要があるため、最初にすべてのCPUが出揃うのを待ちます。このことをCPUランデブー（CPUs rendezvous）といいます。

　次に、自CPUにマイクロコードを適用します。ここで適用が失敗したとしても、関数を戻らないようにするのが今回の修正です。なぜなら、他のCPUは適用が成功しているかもしれないからです。

　最後に、全CPUの適用が終わるのを待ちます。ここでも足並みを揃える必要があります。

　CPUはすべて準備が整ってから動き出すようにするのが定石です。もし、先走って任意のCPUが動き出した場合、他のCPUはまだ待ち状態なので、IPI（Inter Processor Interrupt）のようなプロセッサ間割り込みが動かない可能性があります。

CHAPTER 08

セキュアコーディング

Linuxカーネルもソフトウェアなので、セキュリティ脆弱性対策が必要とされており、それに関するバグ修正について取り上げていきます。

SECTION-021

セキュリティ脆弱性対策の必要性

　まだインターネットが今のように主流ではなかった時代は、ソフトウェアのセキュリティ脆弱性に関して大きく話題に上がることはありませんでした。そもそも、インターネットに接続することが一般的ではなかったこと、世間の関心も低かったこともあります。

　しかし、現在ではそうはいきません。インターネットに接続される機器が増えてきたこと、セキュリティに関する世間の関心も高いので、ソフトウェアの品質項目として「セキュリティ上の問題がないこと」が要件として含まれるのが一般的です。

　そして、Linuxカーネルもソフトウェアですから、セキュリティ問題が起きないように対策が施されています。

SECTION-022

CPU脆弱性対策

CPU脆弱性対策に関するバグ修正の実例について見ていきます。

```
コミットID: 9be3ce793708c0b2324b632e22a9214586f7757c
URL: https://git.kernel.org/pub/scm/linux/kernel/git/stable/linux.git/commit/?h=v4.17.6&id=9be3ce793708c0b2324b632e22a9214586f7757c

HID: hiddev: fix potential Spectre v1
commit 4f65245f2d178b9cba48350620d76faa4a098841 upstream.

uref->field_index, uref->usage_index, finfo.field_index and cinfo.index can be
indirectly controlled by user-space, hence leading to a potential exploitation
of the Spectre variant 1 vulnerability.

This issue was detected with the help of Smatch:

drivers/hid/usbhid/hiddev.c:473 hiddev_ioctl_usage() warn: potential spectre issue 'report-
>field' (local cap)
drivers/hid/usbhid/hiddev.c:477 hiddev_ioctl_usage() warn: potential spectre issue 'field-
>usage' (local cap)
drivers/hid/usbhid/hiddev.c:757 hiddev_ioctl() warn: potential spectre issue 'report->field'
(local cap)
drivers/hid/usbhid/hiddev.c:801 hiddev_ioctl() warn: potential spectre issue 'hid-
>collection' (local cap)

Fix this by sanitizing such structure fields before using them to index
report->field, field->usage and hid->collection

Notice that given that speculation windows are large, the policy is
to kill the speculation on the first load and not worry if it can be
completed with a dependent load/store [1].

[1] https://marc.info/?l=linux-kernel&m=152449131114778&w=2

              ↓(拙訳)

HID: hiddev: スペクターv1の潜在的な問題を修正しました
本流のコミットID 4f65245f2d178b9cba48350620d76faa4a098841

uref->field_index, uref->usage_index, finfo.field_index, cinfo.indexは間接的にユーザー空間か
ら制御することができるので、CPU脆弱性スペクターv1の潜在的なバグを踏むことができてしまいます。

この問題はSmatchにより摘出されました。
```

■SECTION-022 ■ CPU脆弱性対策

```
drivers/hid/usbhid/hiddev.c:473 hiddev_ioctl_usage() warn: potential spectre issue 'report-
>field' (local cap)
drivers/hid/usbhid/hiddev.c:477 hiddev_ioctl_usage() warn: potential spectre issue 'field-
>usage' (local cap)
drivers/hid/usbhid/hiddev.c:757 hiddev_ioctl() warn: potential spectre issue 'report->field'
(local cap)
drivers/hid/usbhid/hiddev.c:801 hiddev_ioctl() warn: potential spectre issue 'hid-
>collection' (local cap)

この問題を修正するために、report->field, field->usage, hid->collectionのインデックスにアクセ
スする前に、構造体メンバーを防護しました。

注意事項として、投機実行の範囲が大きいので、最初の読み込みで投機実行を無効にしてしまってい
ますが、心配することはありません。もし、読み込みと格納が依存していたとしても。[1]

[1] https://marc.info/?l=linux-kernel&m=152449131114778&w=2
```

上記のバグはSmatchというC言語向けの静的解析ツールで摘出されたとあります。コミットメッセージにはさまざまな用語が出てきますが、前提知識がないとまったく意味がわからないです。

バグ修正前後のコードを見てみることにしましょう。

CODE drivers/hid/usbhid/hiddev.c（修正前）

```c
static noinline int hiddev_ioctl_usage(struct hiddev *hiddev, unsigned int cmd, void __user
*user_arg)
{
        :
        :
    switch (cmd) {
    case HIDIOCGUCODE:
        rinfo.report_type = uref->report_type;
        rinfo.report_id = uref->report_id;
        if ((report = hiddev_lookup_report(hid, &rinfo)) == NULL)
            goto inval;

        if (uref->field_index >= report->maxfield)
            goto inval;

        field = report->field[uref->field_index];
}
```

SECTION-022 CPU脆弱性対策

CODE drivers/hid/usbhid/hiddev.c（修正後）

```
static noinline int hiddev_ioctl_usage(struct hiddev *hiddev, unsigned int cmd, void __user *user_arg)
{
        :
        :
    switch (cmd) {
    case HIDIOCGUCODE:
        rinfo.report_type = uref->report_type;
        rinfo.report_id = uref->report_id;
        if ((report = hiddev_lookup_report(hid, &rinfo)) == NULL)
            goto inval;

        if (uref->field_index >= report->maxfield)
            goto inval;
        uref->field_index = array_index_nospec(uref->field_index,  ①
                            report->maxfield);

        field = report->field[uref->field_index];
}
```

修正前後で何が変わったというと、①に示した1文が追加されただけです。簡略化すると、以下のようなコードになります。

```
if（インデックス >= 最大値）
    エラー
値 = 配列[インデックス]
```

C言語では配列の最大値を超えてアクセスをすることができないので、プログラムで上限チェックをする必要があります。もし、範囲外のアクセスを行うと、それは不正なメモリアクセスとなります。不正なアクセスを行うと何が起こるかというと、何が起こるかわかりません。謎かけのようですが、不正なメモリアクセスというのはシステムに致命的な障害を引き起こすので、忌み嫌われるバグなのです。

上記のコードは正しいプログラムであり、間違ってはいません。正しく動作します。C言語は歴史あるプログラミング言語であり、上記のようなコードは古くから慣習的に使われてきています。

実は上記のコードにはセキュリティ上の問題があることが判明しました。2018年1月の出来事です。

その問題を回避するために、今回の修正で、以下のようになっています。array_index_nospec()というのは、この問題のために新設されたカーネル関数です。

```
if（インデックス >= 最大値）
    エラー
インデックス= array_index_nospec(インデックス，最大値)
値 = 配列[インデックス]
```

■ SECTION-022 ■ CPU脆弱性対策

　上記のコードはどんな問題を回避するかというと、ソフトウェアの脆弱性ではなく、ハードウェア（CPU）の脆弱性です。CPUの投機的実行（Speculative Execution）という機能を悪用した脆弱性です。

　厳密にいうと、2018年1月に話題となったCPU脆弱性問題というのは、以下の3種類に分けられます。

- スペクターv1
- スペクターv2
- メルトダウン

　今回取り上げているのは「スペクターv1」になります。

　スペクター（Spectre）という言葉は投機的実行のSpeculativeをもじったものです。スペクターは幽霊やお化けという意味合いも込められているので、そういったキャラクターが皮肉的に使われることもあります。

　CPUの投機的実行の実装手法として分岐予測（Branch prediction）とアウトオブオーダー実行（Out of order execution）がありますが、これらの技術が悪用されました。投機的実行というのはソフトウェアをより高速に実行するにはどうしたらよいかという考え方であり、その実装が複数あるということです。

　言い換えると、CPUが投機的実行をサポートしていない場合は、脆弱性はないということです。とはいえ、Intel系CPUだとPentium時代からサポートしているので、日常的に使っているPCのほとんどは対象となります。投機的実行はIntel以外にもAMDやARMなどのCPUでもサポートされています。組み込み機器にはARMが定番的に使われているので、影響範囲も広いといえます。

　スペクターv1では投機的実行の仕組みを悪用したものです。最初のコードで説明します。

```
if (uref->field_index >= report->maxfield) ②
    goto inval;
field = report->field[uref->field_index];  ③
```

　「uref->field_index」の値が「report->maxfield」以上である場合、if文（②）の条件が真となり、gotoで飛ばされ、③のコードは実行されないはずです。しかし、CPUの投機的実行の分岐予測とアウトオブオーダー実行により、②と③が同時に実行されます。不思議な感じがしますが、投機的実行というのはどんどんプログラムを先読みして実行していくという仕組みなのです。

　②と③が同時に実行されることで、インデックスが配列report->field[]の範囲外にもかかわらず、配列に対して範囲外アクセスをすることになり、変数fieldに不正な値が代入されることになります。

　1つのプロセス上で読み込まれたデータはCPUのキャッシュに載りますが、そのキャッシュデータを別のプロセスから読み出すことで、本来読まれてはならないデータを読むことができるというものです。

なんだか雲をつかむような話で、本当にそのようなことが可能なのかという疑問もありますが、実際に実証もできている報告もあることから真実であると証明されました。

Linuxカーネルでは「スペクターv1」というCPU脆弱性への対策として、array_index_nospec()という関数を用意しました。"nospec"というのは"No Spectre"のもじりです。array_index_nospec()を配列へアクセスする直前に差し込むことで、投機的実行により配列の範囲外アクセスをガードすることができます。関数のコメントに使用例も書いてあるのでわかりやすいですね。「Documentation/speculation.txt」にも詳しい説明があります。

CODE include/linux/nospec.h

```
/*
 * array_index_nospec - sanitize an array index after a bounds check
 *
 * For a code sequence like:
 *
 *     if (index < size) {
 *         index = array_index_nospec(index, size);
 *         val = array[index];
 *     }
 *
 * ...if the CPU speculates past the bounds check then
 * array_index_nospec() will clamp the index within the range of [0,
 * size).
 */
#define array_index_nospec(index, size)                     ¥
({                                                          ¥
    typeof(index) _i = (index);                             ¥
    typeof(size) _s = (size);                               ¥
    unsigned long _mask = array_index_mask_nospec(_i, _s);  ¥
                                                            ¥
    BUILD_BUG_ON(sizeof(_i) > sizeof(long));                ¥
    BUILD_BUG_ON(sizeof(_s) > sizeof(long));                ¥
                                                            ¥
    (typeof(_i)) (_i & _mask);                              ¥
})
```

2018年1月にCPU脆弱性が発覚してから、「スペクターv1」に関して対応が進んでいます。Linuxカーネルの修正で「Spectre」というキーワードが出てくれば、間違いなくCPU脆弱性に対する修正です。

「スペクターv1」に関しては、ハードウェアやコンパイラで対策するのが難しいため、こうして地道な修正がコツコツと行われています。

SECTION-023

カーネルメモリのゼロクリア

カーネルメモリのゼロクリアに関するバグ修正の実例について見ていきます。

> コミットID: 5a2261ed3a29a180e006526718acb5712cf5bcc7
> URL: https://git.kernel.org/pub/scm/linux/kernel/git/stable/linux.git/commit/?h=v4.19.6&id=5a2261ed3a29a180e006526718acb5712cf5bcc7&context=3&ignorews=0&dt=0
>
> tty: wipe buffer.
> commit c9a8e5fce009e3c601a43c49ea9dbcb25d1ffac5 upstream.
>
> After we are done with the tty buffer, zero it out.
>
> ↓（拙訳）
>
> tty: バッファをクリアにしました
> 本流のコミットID c9a8e5fce009e3c601a43c49ea9dbcb25d1ffac5
>
> TTYバッファを使い終わった後は、中身をゼロにするようにします。

コミットメッセージを見ると、すごくあっさりとした説明になっています。説明が短すぎて、逆にどういうことかよくわかりませんね。実際のソースコードの修正内容を見てみましょう。

CODE drivers/tty/tty_buffer.c（修正前）

```c
static int
receive_buf(struct tty_port *port, struct tty_buffer *head, int count)
{
    unsigned char *p = char_buf_ptr(head, head->read);
    char          *f = NULL;

    if (~head->flags & TTYB_NORMAL)
        f = flag_buf_ptr(head, head->read);

    return port->client_ops->receive_buf(port, p, f, count);
}
```

CODE drivers/tty/tty_buffer.c（修正後）

```c
static int
receive_buf(struct tty_port *port, struct tty_buffer *head, int count)
{
    unsigned char *p = char_buf_ptr(head, head->read);
    char          *f = NULL;
    int n;
```

```
    if (~head->flags & TTYB_NORMAL)
        f = flag_buf_ptr(head, head->read);

    n = port->client_ops->receive_buf(port, p, f, count);  ①
    if (n > 0)
        memset(p, 0, n);         ②
    return n;
}
```

receive_buf()を呼び出した後、その返り値を呼び元にそのまま返しているだけでしたが、返り値(①)にはバッファサイズが格納されており、バッファ(p)の中身はゼロクリアしています(②)。

port->client_ops->receive_buf()では内部で受信処理をして、そのデータをpに格納するのですが、データ自体は内部で処理してしまうので、関数が返ってきた段階ではpの情報は不要となります。

少し複雑ですが、内部の動きを追ってみることにしましょう。関数ポインタを駆使して、使う機能を分けられるようになっているため、下記のフローは一例です。tty_buffer.c→tty_port.c→n_tty.cへと遷移していきます。

```
receive_buf # drivers/tty/tty_buffer.c
  port->client_ops->receive_buf
    tty_port_default_receive_buf # drivers/tty/tty_port.c
      tty_ldisc_receive_buf
        n_tty_receive_buf # drivers/tty/n_tty.c
          n_tty_receive_buf_common
            __receive_buf
              n_tty_receive_buf_standard
                n_tty_receive_char_inline
                  put_tty_queue
```

TTY(Teletypewrite)というのは端末のことです。上記のフローにおいて、最初のreceive_buf()はflush_to_ldisc()から呼び出され、受信したデータを端末(ldisc)に送り込んでいます。

ldisc(Line discipline)というのは、Linuxにおける端末の機能を実現するためのレイヤーのことです。Lnuxの端末実装は3つのレイヤーから構成されます。最上位層はキャラクタデバイスのインターフェイスを提供し、中間層がldisc、最下位層はハードウェアおよび擬似端末と通信するドライバになります。ldiscは最上位層と最下位層をつなぐ共通的なインターフェイスを持つと考えればよいでしょう。

receive_buf()でport->client_ops->receive_buf()が返ってきた段階では、バッファ(p)は不要となりますが、なぜわざわざmemset()でゼロクリアする必要があるのでしょうか?

その理由はセキュリティ上からきています。

SECTION-023 カーネルメモリのゼロクリア

カーネルがクラッシュしたとき、もしクラッシュダンプを採取するようになっていた場合、そのダンプファイルの中にカーネルメモリの内容がそのまま格納されます。もし、カーネルメモリに機密情報が含まれていたら、ダンプファイルに永続的に残ってしまうことになります。

ダンプファイルは誰でも見ようと思えば見られてしまうので、機密情報が漏洩する危険性があります。

TTYではユーザーが入力した情報が流れてくるため、使い終わったカーネルメモリは速やかにゼロクリアするなどして、メモリの内容を書きつぶす必要があるということです。ここでメモリの内容を書きつぶさずに、カーネルメモリを解放するだけではダメです。kfree()などでメモリが解放されても、メモリの内容はそのまま保持されているからです。

よって、情報漏洩するとまずい内容をメモリに載せる場合は、メモリを解放する前にメモリの内容をゼロクリアするのが定石となっています。

さて、ここでゼロクリアする方法について整理しておきます。

メモリをクリアするにはmemset()が定番です。C言語の標準関数でもあり、Linuxカーネルでも同等の関数が実装されています。

CODE　lib/string.c

```c
void *memset(void *s, int c, size_t count)
{
    char *xs = s;

    while (count--)
        *xs++ = c;
    return s;
}
EXPORT_SYMBOL(memset);
```

しかし、memset()はコンパイラ(gcc)の最適化により無効化される場合があることに注意しなければなりません。

以下のコードではbuf[]というローカル配列に対して、memset()でゼロクリアしていますが、これをこのままコンパイルするとmemset()が消去されます。なぜならば、buf[]はローカル変数なので、関数を抜けたらスコープ範囲外(変数の寿命が尽きる)となるため、memset()しても無駄な処理であるとコンパイラが判断するからです。

これはコンパイラのバグではなく正しい動作です。

CODE　chap8/driver/sample.c

```c
static void sub(void)
{
    char buf[128] = {'C'};

    printk("%x¥n", buf[0]);
    memset(buf, 0, sizeof(buf));
}
```

■ SECTION-023 ■ カーネルメモリのゼロクリア

まずは最適化なしでコンパイルしてみましょう。

デバイスドライバのMakefileのCFLAGSに「-O0」を付けます。オブジェクトファイルを逆アセンブルしたときに詳細情報も欲しいので、「-g」も付けます。

CODE chap8/driver/sample.c

```
EXTRA_CFLAGS += -g -O0
```

makeを実行してデバイスドライバをビルドすると、オブジェクトファイル（sample.o）が生成されるのでobjdumpコマンドで逆アセンブルします。

```
# make
# objdump -S sample.o > sample_O0.s
```

最適化なしとしているので、memset()は消されず、機械語に変換されます。memset()というデバイスドライバの外部にある関数を呼び出すため、第1引数をDIレジスタ（①と④）、第2引数をSIレジスタ（③）、第3引数をDXレジスタ（②）に設定します。

CODE chap8/driver/sample_O0.s

```
  printk("%x¥n", buf[0]);
3d:   0f b6 85 78 ff ff ff    movzbl -0x88(%rbp),%eax
44:   0f be c0                movsbl %al,%eax
47:   89 c6                   mov    %eax,%esi
49:   48 c7 c7 00 00 00 00    mov    $0x0,%rdi
50:   e8 00 00 00 00          callq  55 <sub+0x55>
  memset(buf, 0, sizeof(buf));
55:   48 8d 85 78 ff ff ff    lea    -0x88(%rbp),%rax   ①
5c:   ba 80 00 00 00          mov    $0x80,%edx         ②
61:   be 00 00 00 00          mov    $0x0,%esi          ③
66:   48 89 c7                mov    %rax,%rdi          ④
69:   e8 00 00 00 00          callq  6e <sub+0x6e>      ⑤
```

memset()が外部呼び出しかどうかは、シンボル情報を見るとわかります。

```
# nm sample.o
                 U memset
```

"U"はundefined（未定義）の頭文字で、デバイスドライバがシステムに組み込まれる前なので、memset()という関数はどこにあるかわからないという状態です。このことから関数呼び出しの機械語も「e8 00 00 00 00」と4バイトの分岐情報がゼロになっています。

次に最適化を有効にしてみます。デバイスドライバのビルドはデフォルトでは「-O2」が指定されます。

CODE chap8/driver/sample.c

```
EXTRA_CFLAGS += -g
```

08 セキュアコーディング

■ SECTION-023 ■ カーネルメモリのゼロクリア

逆アセンブル結果は以下の通りです。

C言語のソースコードではmemset()があった箇所がまるごとなくなっており、printk()の呼び出し後はすぐに「retq」で関数を戻っています。

CODE chap8/driver/sample_02.s

```
    printk("%x¥n", buf[0]);
  6:   be 43 00 00 00          mov     $0x43,%esi
  b:   48 c7 c7 00 00 00 00    mov     $0x0,%rdi
{
 12:   48 89 e5                mov     %rsp,%rbp
    printk("%x¥n", buf[0]);
 15:   e8 00 00 00 00          callq   1a <sub+0x1a>
    memset(buf, 0, sizeof(buf));
}
 1a:   5d                      pop     %rbp
 1b:   c3                      retq
```

プログラマーが意図的にゼロクリアを行い、それがコンパイラにより無効化されては困る場合のためにmemzero_explicit()という関数が用意されています。

CODE lib/string.c

```
void memzero_explicit(void *s, size_t count)
{
    memset(s, 0, count);
    barrier_data(s);
}
```

explicit（イクスプリシットゥ）は明示的なという意味の英単語です。対語はimplicit（インプリシットゥ）になります。

memzero_explicit()を使うと、コンパイラの最適化で削除されることはなくなるので、確実にゼロクリアを行うことができます。

CODE chap8/driver2/sample.c

```
static void sub(void)
{
    char buf[128] = {'C'};

    printk("%x¥n", buf[0]);
    memzero_explicit(buf, sizeof(buf));
}
```

なお、memzero_explicit()は2014年8月に追加されたので、それ以前のLinuxカーネルでは使うことはできません。

SECTION-023 カーネルメモリのゼロクリア

```
# git blame -L 720,+20 lib/string.c
d4c5efdb97773 (Daniel Borkmann 2014-08-26 23:16:35 -0400 721) void memzero_explicit(void *s, size_t count)

# git show d4c5efdb97773
commit d4c5efdb97773f59a2b711754ca0953f24516739
Author: Daniel Borkmann <dborkman@redhat.com>
Date:   Tue Aug 26 23:16:35 2014 -0400

    random: add and use memzero_explicit() for clearing data

    Add a helper memzero_explicit() (similarly as explicit_bzero() variants)
    that can be used in such cases where a variable with sensitive data is
    being cleared out in the end.
```

CHAPTER 09

リファクタリング

バグではないけれど、今後の保守のためにソースコードの作りを見直すことをリファクタリングといいます。

SECTION-024

リファクタリングの重要性

　1つのソースコードを何年もかけて保守していくと、作りが汚くなっていきます。途中で作りを見直すことをリファクタリングといいます。改善という言い方をすることもあります。

　Linuxカーネルのようなオープンソースソフトウェアは長い年月をかけて使われていきます。また、開発者もその時々で変わっていきます。一番最初に実装した人が最後まで面倒を見るということはほとんどありえません。なぜならば、オープンソースは開発をやりたい人がやりたいときにやるというスタンスであるからです。業務として取り組んでいる企業もありますが、ビジネスとして見込みが立たなくなったら、その企業の社員は業務として開発に携わることはなくなります。

　そのため、ソースコードは誰でも触ることができるように保守性を高めておく必要があり、そのためにソースコードの実装を変えることは大切なことでもあります。

SECTION-025

スクリプトのshebang行の解析

リファクタリングの一例として、実際に修正されたパッチを紹介します。

▮ パッチの内容

下記のパッチをご覧ください。これはLinuxカーネル4.20.8での修正です。

```
コミットID: c3b081f9e2e3377af8c28336e23efab606268eb3
URL: https://git.kernel.org/pub/scm/linux/kernel/git/stable/linux.git/commit/?h=v4.20.10&id=c
3b081f9e2e3377af8c28336e23efab606268eb3

exec: load_script: don't blindly truncate shebang string
[ Upstream commit 8099b047ecc431518b9bb6bdbba3549bbecdc343 ]

load_script() simply truncates bprm->buf and this is very wrong if the
length of shebang string exceeds BINPRM_BUF_SIZE-2.  This can silently
truncate i_arg or (worse) we can execute the wrong binary if buf[2:126]
happens to be the valid executable path.

Change load_script() to return ENOEXEC if it can't find '¥n' or zero in
bprm->buf.  Note that '¥0' can come from either
prepare_binprm()->memset() or from kernel_read(), we do not care.

        ↓(拙訳)

exec: load_script: 黙ってshebang行を切り詰めることをやめました
コミットID 8099b047ecc431518b9bb6bdbba3549bbecdc343 は本流にあります。

load_script関数はshebang行がBINPRM_BUF_SIZE-2(128-2で126)文字を超えていたら、bprm->bufを単純
に切り詰めていますが、これはよくありません。このことは黙ってi_argを切り詰めていることになり、
もしbuf[2:126]が正しい実行パスを示していたら、私たちは誤ったバイナリを起動してしまうことにな
ります。

そこで、bprm->bufに改行コード(¥n)やゼロ(¥0)が存在しない場合は、load_script関数がENOEXEC エラー
を返すようにしました。ただし、ゼロ(¥0)はprepare_binprm()->memset()もしくはkernel_read()から埋
め込まれることがありますが、私たちはそのことは気にしていません。
```

Linux上からスクリプトを起動するとき、1行目の解析を行っているのがload_script関数になります。スクリプトの1行目というのは、下記のように「#!」で始まる行のことでshebang（シバン、シェバン）といいます。スクリプトの内容を解釈するプログラム（インタープリタ）を指定するための行です。

■ SECTION-025 ■ スクリプトのshebang行の解析

CODE chap9/shebang_test1.pl

```
#! /usr/bin/perl

print "hello, world.\n";
```

4.20.8での修正が入る前の、もともとの実装を見ておきましょう。

CODE fs/binfmt_script.c

```
static int load_script(struct linux_binprm *bprm)
{
    ①
    if ((bprm->buf[0] != '#') || (bprm->buf[1] != '!'))
        return -ENOEXEC;

    ②
    bprm->buf[BINPRM_BUF_SIZE - 1] = '\0';
    if ((cp = strchr(bprm->buf, '\n')) == NULL)
        cp = bprm->buf+BINPRM_BUF_SIZE-1;
    *cp = '\0';

    ③
    for (cp = bprm->buf+2; (*cp == ' ') || (*cp == '\t'); cp++);
    if (*cp == '\0')
        return -ENOEXEC; /* No interpreter name found */
    i_name = cp;

    file = open_exec(i_name);
        :
        :
}
```

bprm->buf[]にはスクリプトの1行目のデータが格納されており、最大128文字です（BINPRM_BUF_SIZE=128）。①では行頭が「#!」であるかをチェックしており、そうでない場合はエラー（ENOEXEC）としています。

②が今回の焦点となる処理です。bprm->buf[127]にヌル（\0）を書き込んでいます。これは文字列の終端とするためです。次に、改行コード（\n）を探してあれば、その箇所をヌル（\0）を書き込んでいます。つまり、行頭から改行の直前までを有効な文字列としています。もし、改行コードがない場合は、再度bprm->buf[127]にヌル（\0）を書き込んでいます。

③では「#!」以降にあるスペースやタブが続いた後にヌル（\0）で終わっていたら、エラー（ENOEXEC）としています。これはインタプリタが見つからなかったからです。

スクリプトを解釈するインタプリタが見つかったら、i_name変数に設定して、スクリプトの内容を実行していきます。

問題点

前述の実装で②の処理において問題が潜在しています。無条件にバッファの128番目を書きつぶしているので、1行目が128文字以上あった場合において、「#!」以降から127番目までに含まれる実行パスが有効であれば、ユーザーが意図しない実行パスがインタープリタとして使われてしまうことになります。

たとえば、以下のスクリプトだと「/usr/bin/perl2」という存在しないインタープリタを指定しているにもかかわらず、「/usr/bin/perl」として解釈されてしまいます。なぜならば、最後の「2」が128文字目に相当することにより、ヌルに書きつぶされるからです。あるべき姿としてはインタープリタの起動が失敗することです。

CODE chap9/shebang_test2.pl

```
#!/usr/bin/../bin/../bin/../bin/../bin/../bin/../bin/../bin/../bin/../bin/../bin/../bin/../bin/../bin/../bin/../bin/perl2
print "hello, world.\n";
```

```
# ./shebang_test2.pl
hello, world.
```

C言語によるプログラミングでは、文字列を表現するためには終端にヌル(\0)が必要です。文字列を格納するためにバッファを用意しますが、バッファのサイズには上限があるため、バッファいっぱいに文字列が格納される場合においても、バッファの最後にヌルが必要です。

たとえば、「char buf[128]」という配列は大きさが128バイトなので、最大127文字しか格納できません。buf[0]からbuf[126]までに文字が入り、buf[127]はヌルである必要があります。もし、文字列が128文字以上となるのならば、配列の大きさを拡張する必要があります。しかし、配列の大きさを動的に変更できない場合もあるため、通常は文字列を127文字で切って、終端にヌルを入れるのが一般的です。

実際、前述の実装②ではそのようなコードになっています。しかし、バッファのサイズが足りない場合において、無条件にヌルを書き込む方式はセキュリティ的によくありません。ユーザーが意図した文字列が意図せずに切り詰められ、別の文字列として内部で扱われるということになるからです。

あるべき姿としては、文字列を格納するべきバッファが足りない場合はエラーにすることです。そこで、Linuxカーネル4.20.8では前述の実装②が下記のように修正されました。この処理では「#!」以降においてヌル(\0)も改行(\n)も出現しない場合はエラー(NOEXEC)としています。

```
for (cp = bprm->buf+2;; cp++) {
    if (cp >= bprm->buf + BINPRM_BUF_SIZE)
        return -ENOEXEC;
    if (!*cp || (*cp == '\n'))
        break;
}
*cp = '\0';
```

■ SECTION-025 ■ スクリプトのshebang行の解析

バグ修正なのか改善なのか

今回の問題はそもそもバグなのでしょうか？

厳密にはバグですが、現実として誰も困っておらず実害が出ていないと思われるので、問題となっていないという見方をするのが適切です。

shebang行を127文字で強制的に切り詰めるという処理は、Linuxカーネル2.6のころから入っている実装であり、かれこれ10年以上も変わっていないのです。今回の修正はバグ修正というよりも改善であり、リファクタリングであるともいえるでしょう。

ところで、Linuxカーネル4.20.8で修正された今回の問題ですが、4.20.10でリーナス氏により元の修正に戻されました。shebang行が127文字で切り詰められることを前提としたスクリプトが存在しており、これまで動いていたスクリプトが動かなくなったということです。

具体的にはNixOS Linuxというディストリビューションで、以下のスクリプトが使われていることが判明しました。1行目はすべてつながっていて、128文字を軽く超えているのですが、これは意図的にそうしており、Perlインタープリタが起動すれば、Perlが再度スクリプトを読み込み、その後、正常に動くというものです。

```
#! /nix/store/mbwav8kz8b3y471wjsybgzw84mrh4js9-perl-5.28.1/bin/perl
-I/nix/store/x6yyav38jgr924nkna62q3pkp0dgmzlx-perl5.28.1-File-Slurp-9999.25/lib/perl5/site_perl
-I/nix/store/ha8v67sl8dac92r9z07vzr4gv1y9nwqz-perl5.28.1-Net-DBus-1.1.0/lib/perl5/site_perl
-I/nix/store/dcrkvnjmwh69ljsvpbdjjdnqgwx90a9d-perl5.28.1-XML-Parser-2.44/lib/perl5/site_perl
-I/nix/store/rmji88k2zz7h4zg97385bygcydrf2q8h-perl5.28.1-XML-Twig-3.52/lib/perl5/site_perl
```

そもそも、shebang行は128文字まででないといけないという明確な仕様になっているわけではないので、Linuxカーネル側でエラーにするのが本当に正しいのかという話もあります。問題の本質を見極めないといけないのです。

Linuxカーネルのバグはよかれと思って直すと、影響範囲が案外大きかったという例になります。しかしながら、開発者には影響範囲を見極めることは難しいこともあるので、ユーザーも積極的に最先端のLinuxカーネルを使っていくことも大切です。

```
コミットID: 90aa9a75a1b755aa9efa0ac9aae23fa604687fc9
URL: https://git.kernel.org/pub/scm/linux/kernel/git/stable/linux.git/commit/?h=v4.20.10&id=90aa9a75a1b755aa9efa0ac9aae23fa604687fc9

Revert "exec: load_script: don't blindly truncate shebang string"
commit cb5b020a8d38f77209d0472a0fea755299a8ec78 upstream.

This reverts commit 8099b047ecc431518b9bb6bdbba3549bbecdc343.

It turns out that people do actually depend on the shebang string being
truncated, and on the fact that an interpreter (like perl) will often
just re-interpret it entirely to get the full argument list.
```

↓（拙訳）

取り消し「exec: load_script: 黙ってshebang行を切り詰めることをやめました」
コミットID cb5b020a8d38f77209d0472a0fea755299a8ec78 は本流にあります。

このコミットではコミットID 8099b047ecc431518b9bb6bdbba3549bbecdc343 を取り消します。

実際問題として、ユーザーはshebang行の切り詰めに依存していることが判明しました。Perlのようなインタープリタは、全引数の一覧を取得するため、再度読み込み直すようになっているのです。

CHAPTER 10
恐怖のメモリ破壊

　C言語によるプログラミングではバグによるメモリ破壊が起こることがあります。Linuxカーネルでメモリ破壊が起きると、システムに致命的な障害が発生することがあります。

SECTION-026

恐怖のメモリ破壊

　C言語で作られたプログラムは言語文法として不正なメモリアクセスを防ぐ仕組みが導入されていないため、バグによってはメモリ破壊が起こります。ユーザープロセスだったらプロセスが落ちておしまいですが、Linuxカーネルの場合はカーネルパニックやハングアップにつながるので、システム運用が停止してしまいます。

　そのため、メモリを壊すようなバグは作り込まないようにすることが求められます。

SECTION-027

参照カウンタのリーク漏れ

本節では一般的なメモリリークとは毛色が異なる参照カウンタのリークについてお話します。

inotifyのバグ修正

以下はLinuxカーネル4.20.7に入ったバグ修正の1つです。

```
コミットID: 1a01b3b60400f4cad9072b991ef007af00fda6a1
URL: https://git.kernel.org/pub/scm/linux/kernel/git/stable/linux.git/commit/?h=v4.20.7&id=1a
01b3b60400f4cad9072b991ef007af00fda6a1

inotify: Fix fd refcount leak in inotify_add_watch().
commit 125892edfe69915a227d8d125ff0e1cd713178f4 upstream.

Commit 4d97f7d53da7dc83 ("inotify: Add flag IN_MASK_CREATE for
inotify_add_watch()") forgot to call fdput() before bailing out.

Fixes: 4d97f7d53da7dc83 ("inotify: Add flag IN_MASK_CREATE for inotify_add_watch()")

    ↓（拙訳）

inotify: inotify_add_watch関数でfdの参照カウンタ漏れを修正しました。
コミットID 125892edfe69915a227d8d125ff0e1cd713178f4 は本流にあります。

コミット 4d97f7d53da7dc83 ("inotify: inotify_add_watch関数で
IN_MASK_CREATEフラグを追加")において、関数が戻る前にfdput関数を
呼び忘れていたのです。

修正対象: 4d97f7d53da7dc83 ("inotify: inotify_add_watch関数で
IN_MASK_CREATEフラグを追加")
```

inotify（inode notify）というのはファイルやディレクトリに何らかの変化があったら、ユーザープロセスに通知することができる仕組みのことです。変化というのは、ファイルの内容が変更される、削除される、クローズされるなどの状態変化を指します。ユーザープロセスから設定ファイルが更新されたかどうかを知るのに便利です。

たとえば、cronというデーモンはcrontabという設定ファイルに従って、定期的にジョブを実行します。設定ファイルを更新した場合、デーモンに新しい設定を読み込ませる必要があるので、デーモンを再起動する必要があります。しかし、cronがinotifyに対応しているので、その機能が有効になっていれば、デーモンの動作中に設定ファイルの変化を検出し、設定の再読み込みを自動で行ってくれるのです。inotifyを活用することでユーザーの手間を省くことができます。

■ SECTION-027 ■ 参照カウンタのリーク漏れ

　バグ修正の対象となっているinotify_add_watch関数というのは、ユーザープロセスからinotifyを使ってファイルやディレクトリを監視するために、その対象をシステムに登録する役割を持ちます。ユーザープロセスから呼び出すinotify_add_watch関数の実体はシステムコールであり、Linuxカーネル内部に落ちてくるときには、「sys_inotify_add_watch」という名前のカーネル関数になります。なお、Linuxカーネル4.17からシステムコールの呼び出し処理が再実装されたため、4.17以降では「__x64_sys_inotify_add_watch」や「__ia32_sys_inotify_add_watch」のような名前の関数になります。

　「/proc/kallsyms」を参照することで、Linuxカーネルの全シンボル情報がわかります。シンボル情報というのは、グローバル変数や外部関数の名前のことです。変数や関数にstaticを付与している、関数をEXPORT_SYMBOL化していない場合は、シンボル情報に含まれません。

●Linuxカーネル4.17以前
```
# grep notify_add_watch /proc/kallsyms
ffffffff9b6c1fa0 T SyS_inotify_add_watch
ffffffff9b6c1fa0 T sys_inotify_add_watch
```

●Linuxカーネル4.17以降
```
# grep inotify_add /proc/kallsyms
ffffffffb28e7b40 T __ia32_sys_inotify_add_watch
ffffffffb28e7c50 T __x64_sys_inotify_add_watch
```

　前置きが長くなりましたが、どんなバグがあったのかを見てみることにしましょう。inotifyはファイルシステムの一種として実装されているので、fsディレクトリ配下にあります。

CODE fs/notify/inotify/inotify_user.c

```
SYSCALL_DEFINE3(inotify_add_watch, int, fd, const char __user *, pathname,
        u32, mask)
{
    if (unlikely(mask & ~ALL_INOTIFY_BITS))    …①
        return -EINVAL;

    if (unlikely(!(mask & ALL_INOTIFY_BITS))) …②
        return -EINVAL;

    f = fdget(fd);                    …③
    if (unlikely(!f.file))
        return -EBADF;

    /* IN_MASK_ADD and IN_MASK_CREATE don't make sense together */
    if (unlikely((mask & IN_MASK_ADD) && (mask & IN_MASK_CREATE))) …④
        return -EINVAL;

    if (unlikely(f.file->f_op != &inotify_fops)) {   …⑤
```

■ SECTION-027 ■ 参照カウンタのリーク漏れ

```
        ret = -EINVAL;
        goto fput_and_out;
    }
                :
                :
                :
fput_and_out:
    fdput(f);              …⑥
    return ret;
}
```

問題の箇所は④のif文です。mask変数にIN_MASK_ADD（既存の監視設定に上書きせず追加する）とIN_MASK_CREATE（新規作成のみ監視する）の2つのフラグが立っていた場合、エラーとしています。なぜならば、これらのフラグは排他だからです。そして、エラーだった場合にリターンしているのがバグです。

正しいコードは以下になります。fput_and_outラベルにジャンプしてfdput関数を呼び出す必要があるのです。

```
if (unlikely((mask & IN_MASK_ADD) && (mask & IN_MASK_CREATE))) {
    ret = -EINVAL;
    goto fput_and_out;
}
```

name-revで調べると、このバグは4.19で作り込まれたので、①〜③のif文ではエラーリターンしているのを真似たのだと思われます。⑤のif文に気付くかどうかがポイントです。

```
# git name-rev 4d97f7d53da7dc83
4d97f7d53da7dc83 tags/v4.19-rc1~115^2
```

なぜ、fdput関数を呼び出さないといけないのかは、③のfdget関数に秘密があります。これらの関数の意味を理解していないと、今回のようなバグを作り込んでしまうことになります。

fdget関数の中身を見ていくと、呼び出しフローは下記に示すようになっています。

```
fdget
  __fdget
    __fget_light
      __fget
        get_file_rcu
```

最後のget_file_rcu()は実体がマクロです。atomic_long_inc_not_zero()は引数の値を1つ増やして、その結果が非0なら真を、0なら偽を返します。atomic_long_inc_not_zero()もマクロとして定義されています。このように、Linuxカーネルの関数は実体がマクロになっていることが多いです。

SECTION-027 参照カウンタのリーク漏れ

CODE include/linux/fs.h

```
#define get_file_rcu(x) atomic_long_inc_not_zero(&(x)->f_count)
```

fdget関数ではさまざまな処理をしていますが、file構造体のf_countメンバー変数の値をインクリメントしていることになります。このf_countというのは参照カウンタ(リファレンスカウンタ)と呼ばれ、Linuxカーネル内において、何カ所(コンテキストという)から使用中なのかを表す数字です。f_countの初期値はゼロですが、fdget関数を呼び出すと1になるわけです。1になっている状態で、別の箇所(コンテキスト)から同じfile構造体を使ってget_file_rcu()を呼び出すと、f_countの値は2になります。つまり、file構造体が2人の人(カーネル内で2カ所)から使用中であることがわかるのです。

今度は、fdput関数の処理を見てみましょう。fdput関数からfput関数を呼び出しています。

CODE fs/file_table.c

```
void fput(struct file *file)
{
    if (atomic_long_dec_and_test(&file->f_count)) {
        struct task_struct *task = current;

        if (likely(!in_interrupt() && !(task->flags & PF_KTHREAD))) {
            init_task_work(&file->f_u.fu_rcuhead, ____fput);
            if (!task_work_add(task, &file->f_u.fu_rcuhead, true))
                return;
        }

        if (llist_add(&file->f_u.fu_llist, &delayed_fput_list))
            schedule_delayed_work(&delayed_fput_work, 1);
    }
}
```

fput関数の先頭でfile構造体のf_countの値をチェックしています。atomic_long_dec_and_test()は引数の値を1つ減らして、その結果がゼロなら真、ゼロでないなら偽を返します。

つまり、f_countの値が1の場合にのみ、if文の内容が実行されるということです。f_countの値が2以上の場合は、f_countの値が減算されるだけ、if文は実行されません。このことは最後の使用箇所(コンテキスト)から呼び出されたときのみ、最後の人がif文の中身を実行するという動きになります。

参照カウンタは、カーネル関数を通過中の人たちの数つまりコンテキストの数を表します。よって、関数を抜けるときは参照カウンタを減算しておかねばなりません。fdget関数を呼び出したのならば、必ずfdput関数を呼び出す必要があります。これらの関数の呼び出しは対になっていなければならないということです。

もし、この参照カウンタの加算と減算に矛盾が生じると、Linuxカーネル内部の動作に悪影響を与える可能性があります。たとえば、ファイルをクローズする処理(sys_close)では、最後の人がファイルのリソースを解放することになっていて、その判断に参照カウンタが利用されています。

inotifyのバグの再現確認

バグを再現させるために、ユーザープロセスで動くプログラムを作ってみます。以下にコードの一部を抜粋しますが、ポイントはinotify_add_watch()の第3引数にIN_MASK_CREATEとIN_MASK_ADDを2つ指定していることです。これにより関数がエラーとなります。

CODE chap10/inotify.c

```
int main(int argc, char **argv)
{
    int fd = -1;
    int wd, ret;
    char *filename = NULL;

    if (argc != 2) {
        printf("Usage: %s filename\n", argv[0]);
        exit(1);
    }

    filename = argv[1];

    /* inotify用ファイルディスクリプタを開く */
    fd = inotify_init();
    if (fd == -1) {
        perror("inotify_init");
        goto error;
    }

    /* 監視対象をinotifyに登録する */
    wd = inotify_add_watch(fd, filename,
                           IN_MASK_CREATE | IN_MASK_ADD
                           );
    if (wd == -1) {
        perror("inotify_add_watch");
        goto error;
    }
            :
            :
}
```

　上記のプログラムを検証するためには、Linuxカーネル4.19以降が必要です。Ubuntu 18.04はLinuxカーネル4.15であり、そもそもIN_MASK_CREATEフラグをサポートしていないからです。

　ここではLinuxカーネル4.20(ラズパイ向け)で動作検証しました。

■ SECTION-027 ■ 参照カウンタのリーク漏れ

```
pi@raspberrypi:~ $ ./a.out hoge
inotify_add_watch: Invalid argument
pi@raspberrypi:~ $ uname -a
Linux raspberrypi 4.20.0+ #9 Mon Feb 11 16:58:41 JST 2019 armv6l GNU/Linux

pi@raspberrypi:~ $ tail /var/log/syslog
Feb 11 08:04:46 raspberrypi systemd[487]: Reached target Timers.
Feb 11 08:04:46 raspberrypi systemd[487]: Reached target Paths.
Feb 11 08:04:46 raspberrypi systemd[487]: Reached target Basic System.
Feb 11 08:04:46 raspberrypi systemd[487]: Reached target Default.
Feb 11 08:04:46 raspberrypi systemd[487]: Startup finished in 750ms.
Feb 11 08:04:46 raspberrypi systemd[1]: Started User Manager for UID 1000.
Feb 11 08:04:59 raspberrypi systemd[1]: Started Session c2 of user pi.
Feb 11 08:05:10 raspberrypi kernel: f_count 1
Feb 11 08:05:10 raspberrypi kernel: f_count2 1
Feb 11 08:05:40 raspberrypi systemd[1]: Started Session c3 of user pi.
```

　本当にLinuxカーネル内でエラーになっているかを確認するために、カーネルのソースコードにprint文を追加して裏付けを取りました。

CODE　fs/notify/inotify/inotify_user.c

```
yutaka@yutaka-Virtual-Machine(~/qemu-rpi-kernel/tools/linux) diff -c fs/notify/inotify/inotify_u
ser.c.org fs/notify/inotify/inotify_user.c
*** fs/notify/inotify/inotify_user.c.org      2018-12-25 10:24:10.076732720 +0900
--- fs/notify/inotify/inotify_user.c    2019-02-11 16:58:16.265514314 +0900
***************
*** 720,731 ****
              return -EINVAL;

      f = fdget(fd);
      if (unlikely(!f.file))
              return -EBADF;


      /* IN_MASK_ADD and IN_MASK_CREATE don't make sense together */
!     if (unlikely((mask & IN_MASK_ADD) && (mask & IN_MASK_CREATE)))
              return -EINVAL;

      /* verify that this is indeed an inotify instance */
      if (unlikely(f.file->f_op != &inotify_fops)) {
--- 720,741 ----
              return -EINVAL;

      f = fdget(fd);
+     // yutaka
+     printk_ratelimited("f_count %d¥n", f.file->f_count.counter);
      if (unlikely(!f.file))
              return -EBADF;
```

恐怖のメモリ破壊

176

```
          /* IN_MASK_ADD and IN_MASK_CREATE don't make sense together */
!       if (unlikely((mask & IN_MASK_ADD) && (mask & IN_MASK_CREATE))) {
! #if 0
                return -EINVAL;
+ #else
+               // yutaka
+               printk_ratelimited("f_count2 %d¥n", f.file->f_count.counter);
+               ret = -EINVAL;
+               goto fput_and_out;
+ #endif
+       }

        /* verify that this is indeed an inotify instance */
        if (unlikely(f.file->f_op != &inotify_fops)) {
```

SECTION-028

use-after-free

use-after-free（解放後使用）はこれまで何度も登場しました。メモリを解放した後にうっかりアクセスをしてしまっているというバグのことです。

ここでは、意図的にuse-after-freeバグを作り込んだサンプルプログラムで、実際にどのような動作になるかを見てみることにします。

kmalloc()でカーネルメモリを128バイト確保し、解放した後（①）、メモリ領域の1バイト目にゼロを書き込んでいます（②）。

明らかなバグですが、何が起こるでしょうか？

CODE chap10/driver/sample.c

```c
#include <linux/module.h>
#include <linux/kernel.h>
#include <linux/device.h>
#include <linux/slab.h>

MODULE_LICENSE("GPL");
MODULE_DESCRIPTION("This is a sample driver.");
MODULE_AUTHOR("Yutaka Hirata");

struct sample_driver {
    struct device_driver driver;
};

static void sub(void)
{
    char *p;
    int size = 128;

    p = kmalloc(size, GFP_KERNEL);
    if (p) {
        printk("%p\n", p);
        memset(p, 0, size);
        kfree(p);           ①
        p[0] = 0;           ②
    }
}

static int sample_init(struct sample_driver *drv)
{
    printk(KERN_ALERT "driver loaded\n");
    sub();
```

■ SECTION-028 ■ use-after-free

```
    return 0;
}

static void sample_exit(struct sample_driver *drv)
{
    printk(KERN_ALERT "driver unloaded¥n");
}

static struct sample_driver sa_drv = {
    .driver = {
        .name = "sample_driver",
        .of_match_table = NULL,
    },
};

module_driver(sa_drv, sample_init, sample_exit);
```

デバイスドライバをビルドして、カーネルモジュールをinsmodコマンドでシステムに組み込んだ瞬間、OSごとハングしました。

```
# make
# sudo insmod ./sample.ko
```

かろうじてsyslogにメッセージが残っていました。

カーネルプログラミングは非常にデリケートです。ちょっとしたバグが重大なシステム障害を引き起こすので、カーネル空間で動作するソフトウェアには高い品質が求められるのです。

```
000000007d3922db
general protection fault: 0000 [#1] SMP PTI
Modules linked in: sample(OE) nls_iso8859_1 crct10dif_pclmul crc32_pclmul ghash_cl
CPU: 0 PID: 3008 Comm: journal-offline Tainted: G           OE    4.15.0-47-generi
Hardware name: Microsoft Corporation Virtual Machine/Virtual Machine, BIOS Hyper-V
RIP: 0010:prefetch_freepointer+0x15/0x30
RSP: 0018:ffffa1f985437748 EFLAGS: 00010202
RAX: 0000000000000000 RBX: 5ba96985b53ca180 RCX: 0000000000019d77
RDX: 0000000000019d76 RSI: 5ba96985b53ca180 RDI: ffff8a38fe407480
RBP: ffffa1f985437748 R08: ffff8a38fea270e0 R09: ffff8a38fe406d00
R10: 0000000000000040 R11: 0000000000002800 R12: 0000000000011200
R13: ffff8a38f17bc47c R14: ffff8a38fe407480 R15: ffff8a38fe407480
FS:  00007f0ce9a83700(0000) GS:ffff8a38fea00000(0000) knlGS:0000000000000000
CS:  0010 DS: 0000 ES: 0000 CR0: 0000000080050033
CR2: 00007f0ce9ad9060 CR3: 0000000136810005 CR4: 00000000003606f0
DR0: 0000000000000000 DR1: 0000000000000000 DR2: 0000000000000000
DR3: 0000000000000000 DR6: 00000000fffe0ff0 DR7: 0000000000000400
Call Trace:
 kmem_cache_alloc_node+0xe9/0x1c0
```

SECTION-028 use-after-free

```
? scsi_old_init_rq+0x84/0x100
? wait_woken+0x80/0x80
scsi_old_init_rq+0x84/0x100
alloc_request_size+0x52/0x70
mempool_alloc+0x71/0x190
            :
            :
```

SECTION-029

バッファオーバーフロー

バッファオーバーフロー（BOF: Buffer over flow）というのは、想定されたバッファ領域を飛び越えてアクセスすることをいいます。バッファオーバーフローはセキュリティホールになることがあるので、よくニュースになることも多いです。

ここで1つ実例を挙げます。

```
コミットID: 6575b15002bfe33cc8345c6b6c3845365e154c85
URL: https://git.kernel.org/pub/scm/linux/kernel/git/stable/linux.git/commit/?h=v4.18.6&id=6575b15002bfe33cc8345c6b6c3845365e154c85

commit 8f3fafc9c2f0ece10832c25f7ffcb07c97a32ad4 upstream.

Like d88b6d04: "cdrom: information leak in cdrom_ioctl_media_changed()"

There is another cast from unsigned long to int which causes
a bounds check to fail with specially crafted input. The value is
then used as an index in the slot array in cdrom_slot_status().

    ↓(拙訳)

本流のコミットIDは 8f3fafc9c2f0ece10832c25f7ffcb07c97a32ad4 です。

類似 d88b6d04: "cdrom: information leak in cdrom_ioctl_media_changed()"

unsigned longをintにキャストすることで、特別に細工された入力を受けると、境界値チェックが失敗します。その値はcdrom_slot_status()でスロット配列のインデックスに使われています。
```

以下に修正コード（diff）を示します。①のif文にあったintのキャストが、②の修正でなくなっています。

CODE drivers/cdrom/cdrom.c

```
static int cdrom_ioctl_drive_status(struct cdrom_device_info *cdi,
        unsigned long arg)
{
    if (!(cdi->ops->capability & CDC_DRIVE_STATUS))
        return -ENOSYS;
    if (!CDROM_CAN(CDC_SELECT_DISC) ||
        (arg == CDSL_CURRENT || arg == CDSL_NONE))
        return cdi->ops->drive_status(cdi, CDSL_CURRENT);
-   if (((int)arg >= cdi->capacity))       ①
+   if (arg >= cdi->capacity)              ②
        return -EINVAL;
    return cdrom_slot_status(cdi, arg);
}
```

argはunsigned long型で、cdi->capacityはint型なので、argをintに合わせるという意味では一見して正しいキャストに思えます。しかし、argのほうがより大きい値を扱えることが落とし穴です。

intは-2147483648～2147483647まで扱えますが、unsigned longが4バイトだったとしたら0～4294967295まで扱えます。8バイトだったとしたら0～18446744073709551615までです。つまり、argは2147483648以上の数値を持てるということです。

cdrom_ioctl_drive_status()はIOCTL（I/O control）というシステムコールから呼ばれてくるので、ユーザープロセスから引数の値を指定できます。つまり、argに2147483648以上の値を渡すと、以下のif文の条件が偽になるのです。

```
if (((int)arg >= cdi->capacity))
```

このintにキャストすることで負数になるからです。

if文のチェックをすり抜けたargはそのまま以降の処理で使われていきます。cdrom_slot_statusの第2引数がslotであり、これがargの値そのものになります。

CODE drivers/cdrom/cdrom.c

```
static int cdrom_slot_status(struct cdrom_device_info *cdi, int slot)
{
    struct cdrom_changer_info *info;
    int ret;

    info = kmalloc(sizeof(*info), GFP_KERNEL);
    if (!info)
        return -ENOMEM;

        :
        :

    if (info->slots[slot].disc_present)   ③
        ret = CDS_DISC_OK;
    else
        ret = CDS_NO_DISC;

out_free:
    kfree(info);
    return ret;
}
```

③の箇所でcdrom_changer_info構造体のslots配列にアクセスしています。一目で危ないコードであることが予想されますね。この配列の最大サイズはいくつなのでしょう？

CODE include/linux/cdrom.h

```
#define CDROM_MAX_SLOTS 256

struct cdrom_changer_info {
    struct cdrom_mechstat_header hdr;
    struct cdrom_slot slots[CDROM_MAX_SLOTS];
};
```

　だったの256バイトしかありません。argに2147483648以上の値を渡すと、確実にバッファオーバーフローが起きてしまいます。

　今回取り上げた問題は、ユーザープロセスからの指定で容易にバッファオーバーフローを起こせてしまうことにあります。そのような問題を顕在化させないためには、IOCTLなどのシステムコールから渡されてくるデータのチェックに漏れがあってはならないということになります。

SECTION-030

文字列コピー

　メモリ破壊は文字列のコピー処理にバグがあると発生することがあります。特に、Linuxカーネルでは文字列のコピーを行う関数が何種類もあり、開発者の中でも混乱が生じている状態であることから、思わぬバグを踏むことがあります。

```
コミットID: 699faa9cf00c0f0b8a07ad71ee2d86eadad3cabe
URL: https://git.kernel.org/pub/scm/linux/kernel/git/stable/linux.git/commit/?h=v4.19.9&id=6
99faa9cf00c0f0b8a07ad71ee2d86eadad3cabe

Revert "HID: uhid: use strlcpy() instead of strncpy()"
[ Upstream commit 4d26d1d1e8065bb3326a7c06d5d4698e581443a9 ]

This reverts commit 336fd4f5f25157e9e8bd50e898a1bbcd99eaea46.

Please note that `strlcpy()` does *NOT* do what you think it does.
strlcpy() *ALWAYS* reads the full input string, regardless of the
'length' parameter. That is, if the input is not zero-terminated,
strlcpy() will *READ* beyond input boundaries. It does this, because it
always returns the size it *would* copy if the target was big enough,
not the truncated size it actually copied.

The original code was perfectly fine. The hid device is
zero-initialized and the strncpy() functions copied up to n-1
characters. The result is always zero-terminated this way.

This is the third time someone tried to replace strncpy with strlcpy in
this function, and gets it wrong. I now added a comment that should at
least make people reconsider.

        ↓(拙訳)

取り消し "HID: uhid: use strlcpy() instead of strncpy()"
[ 本流のコミットID 4d26d1d1e8065bb3326a7c06d5d4698e581443a9 ]

この修正は 336fd4f5f25157e9e8bd50e898a1bbcd99eaea46 を取り消すものです。

strlcpy()は考えているように動作しないことに注意してください。
strlcpy()はサイズの指定を無視して、いつも指定された文字列を全スキャンします。すなわち、文字列
がヌル終端していない場合、strlcpy()は文字列の領域を超えてアクセスしてしまう可能性があります。
この場合、関数は文字列の領域を超えた大きなサイズが返り、実際にコピーされたサイズになりません。

もともとのコードは正しかったのです。hidデバイスがヌル終端していなくとも、strncpy()はn-1文字ま
でしかコピーしません。結果として常にヌル終端されます。
```

■ SECTION-030 ■ 文字列コピー

> この修正は3度目になります。strlcpyからstrncpyへの置き換えに関しては誤解がありました。だから、私は多くの人に再度考えてもらえるようにコメントも追加しました。

コードの修正内容（diff）は以下の通りです。strlcpy()からstrncpy()に置き換えられています。両者の違いに秘密がありそうです。

CODE drivers/hid/uhid.c

```
-    len = min(sizeof(hid->name), sizeof(ev->u.create2.name));
-    strlcpy(hid->name, ev->u.create2.name, len);
-    len = min(sizeof(hid->phys), sizeof(ev->u.create2.phys));
-    strlcpy(hid->phys, ev->u.create2.phys, len);
-    len = min(sizeof(hid->uniq), sizeof(ev->u.create2.uniq));
-    strlcpy(hid->uniq, ev->u.create2.uniq, len);
+    /* @hid is zero-initialized, strncpy() is correct, strlcpy() not */
+    len = min(sizeof(hid->name), sizeof(ev->u.create2.name)) - 1;
+    strncpy(hid->name, ev->u.create2.name, len);
+    len = min(sizeof(hid->phys), sizeof(ev->u.create2.phys)) - 1;
+    strncpy(hid->phys, ev->u.create2.phys, len);
+    len = min(sizeof(hid->uniq), sizeof(ev->u.create2.uniq)) - 1;
+    strncpy(hid->uniq, ev->u.create2.uniq, len);
```

Linuxカーネルでは文字列のコピーを行えるようにするため、C言語の標準関数に似たカーネル関数を提供しています。

たとえば、strcpy()を使えば容易に文字列のコピーができますが、関数側でバッファのサイズチェックをしないので、容易にバッファオーバーフローが起きます。以下のようなコードはNGです。

```
char buf[5];
strcpy(buf, "LONGLONGDATA");
```

そこでstrncpy()という関数を使うことで、コピー先のバッファサイズのチェックを行うことができ、安全性が高まります。dest引数はコピー先バッファ、src引数はコピー元バッファ、count引数はコピー先バッファの最大サイズです。

CODE lib/string.c

```
char *strncpy(char *dest, const char *src, size_t count)
{
    char *tmp = dest;

    while (count) {
        if ((*tmp = *src) != 0)
            src++;
        tmp++;
        count--;
```

■ SECTION-030 ■ 文字列コピー

```
    }
    return dest;
}
```

　strncpy()ではコピー元バッファが巨大でも、コピー先バッファの最大サイズを超えてコピーしないことでバッファオーバーフローを防ぎます。

　しかし、strncpy()には落とし穴があります。それはコピー元バッファの文字列がcount文字（バイト）以上の場合、コピー先バッファにはcount文字ぴったりにコピーされるということです。つまり、コピー先バッファがヌル終端しないという意味です。

```
char buf[5];
strncpy(buf, "ABCDEFG", 5);
```

　上記のコードを実行すると、以下のようになり、最後のbuf[4]がヌル(¥0)になりません。

- buf[0] = A
- buf[1] = B
- buf[2] = C
- buf[3] = D
- buf[4] = E

　C言語では文字列の末尾がヌルであるという仕様となっているため、ヌル終端していない文字列は正常に扱うことができず、思わぬバグとなることがあります。

　strncpy()の欠点を解決するため、Linuxカーネルにstrlcpy()という関数が実装されています。

CODE　lib/string.c

```c
size_t strlcpy(char *dest, const char *src, size_t size)
{
    size_t ret = strlen(src);

    if (size) {
        size_t len = (ret >= size) ? size - 1 : ret;
        memcpy(dest, src, len);
        dest[len] = '¥0';
    }
    return ret;
}
```

　strlcpy()はコピー先バッファを強制的にヌル終端させます。この関数はBSDからの移植で、glibcには諸事情により実装されていません。

```
char buf[5];
strlcpy(buf, "xyzxyz", 5);
```

上記のコードを実行すると、以下のようになり、最後のbuf[4]がヌル(¥0)になります。

- buf[0] = x
- buf[1] = y
- buf[2] = z
- buf[3] = x
- buf[4] = 0

strncpy()とstrlcpy()を使ったサンプルコードを以下に示します(一部抜粋)。

CODE chap10/strcpy/sample.c

```
static void show_buf(char *buf, int len)
{
    int i;

    printk("%p:%d¥n", buf, len);
    for (i = 0 ; i < len ; i++) {
        printk("[%02x]", buf[i]);
    }
    printk("¥n");
}

static int sample_init(struct sample_driver *drv)
{
    char buf[5];
    int len;

    printk(KERN_ALERT "driver loaded¥n");

    len = sizeof(buf); // 5

    strncpy(buf, "ABCDEFG", len);
    show_buf(buf, len);

    strncpy(buf, "1234", len);
    show_buf(buf, len);

    strlcpy(buf, "xyzxyz", len);
    show_buf(buf, len);

    strlcpy(buf, "9876", len);
    show_buf(buf, len);

    return 0;
}
```

■ SECTION-030 ■ 文字列コピー

```
4月 09 20:33:34  kernel: driver loaded
4月 09 20:33:34  kernel: 00000000b7655b31:5
4月 09 20:33:34  kernel: [41]
4月 09 20:33:34  kernel: [42]
4月 09 20:33:34  kernel: [43]
4月 09 20:33:34  kernel: [44]
4月 09 20:33:34  kernel: [45]
4月 09 20:33:34  kernel:
4月 09 20:33:34  kernel: 00000000b7655b31:5
4月 09 20:33:34  kernel: [31]
4月 09 20:33:34  kernel: [32]
4月 09 20:33:34  kernel: [33]
4月 09 20:33:34  kernel: [34]
4月 09 20:33:34  kernel: [00]
4月 09 20:33:34  kernel:
4月 09 20:33:34  kernel: 00000000b7655b31:5
4月 09 20:33:34  kernel: [78]
4月 09 20:33:34  kernel: [79]
4月 09 20:33:34  kernel: [7a]
4月 09 20:33:34  kernel: [78]
4月 09 20:33:34  kernel: [00]
4月 09 20:33:34  kernel:
4月 09 20:33:34  kernel: 00000000b7655b31:5
4月 09 20:33:34  kernel: [39]
4月 09 20:33:34  kernel: [38]
4月 09 20:33:34  kernel: [37]
4月 09 20:33:34  kernel: [36]
4月 09 20:33:34  kernel: [00]
4月 09 20:33:34  kernel:
```

しかし、strlcpy()にはstrncpy()とは別の落とし穴があります。strlcpy()を実装をよく見ると、コピー元バッファの文字列のサイズをstrlen()で取得しようとしています。strlen()は文字列がヌル終端していないと、正しい値を返せず、ヌル(￥0)が見つかるまでメモリを走査するといった問題点があります。

つまり、strlcpy()のコピー元バッファ(src)には、必ずヌル終端する文字列を指定しなければならないのです。strncpy()にはそのような制約はありません。

strcpy()を使うのはもってのほか、strncpy()もstrlcpy()も使いにくくて、カーネル開発者からはいずれも不評です。

```
コミットID: 2bc40f89f47e3b6fb63a2b186073ef1ce75dca53
URL: https://git.kernel.org/pub/scm/linux/kernel/git/stable/linux.git/commit/?h=v4.19.6&id=2bc40f89f47e3b6fb63a2b186073ef1ce75dca53

kdb: Use strscpy with destination buffer size
[ Upstream commit c2b94c72d93d0929f48157eef128c4f9d2e603ce ]
```

■ SECTION-030 ■ 文字列コピー

```
gcc 8.1.0 warns with:

kernel/debug/kdb/kdb_support.c: In function 'kallsyms_symbol_next':
kernel/debug/kdb/kdb_support.c:239:4: warning: 'strncpy' specified bound depends on the
length of the source argument [-Wstringop-overflow=]
     strncpy(prefix_name, name, strlen(name)+1);
     ^~~~~~~~~~~~~~~~~~~~~~~~~~~~~~~~~~~~~~~~~~
kernel/debug/kdb/kdb_support.c:239:31: note: length computed here

Use strscpy() with the destination buffer size, and use ellipses when
displaying truncated symbols.

v2: Use strscpy()
```

↓(拙訳)

```
kdb: コピー先バッファサイズを使うstrscpy()に置き換えました
[ 本流のコミットID c2b94c72d93d0929f48157eef128c4f9d2e603ce ]

gcc 8.1.0では以下の警告が出ます。

kernel/debug/kdb/kdb_support.c: In function 'kallsyms_symbol_next':
kernel/debug/kdb/kdb_support.c:239:4: warning: 'strncpy' specified bound depends on the
length of the source argument [-Wstringop-overflow=]
     strncpy(prefix_name, name, strlen(name)+1);
     ^~~~~~~~~~~~~~~~~~~~~~~~~~~~~~~~~~~~~~~~~~
kernel/debug/kdb/kdb_support.c:239:31: note: length computed here

コピー先バッファサイズを使うstrscpy()に置き換えることで、切り詰められたシンボル情報を省略記号
として使います。
```

　上記も文字列のコピーに関するバグ修正ですが、strncpy()からstrscpy()に置き換えられています。

```
     while ((name = kdb_walk_kallsyms(&pos))) {
-        if (strncmp(name, prefix_name, prefix_len) == 0) {
-            strncpy(prefix_name, name, strlen(name)+1);
-            return 1;
-        }
+        if (!strncmp(name, prefix_name, prefix_len))
+            return strscpy(prefix_name, name, buf_size);
     }
     return 0;
```

■SECTION-030 ■ 文字列コピー

strscpy()というのは、strncpy()とstrlcpy()の課題を解決したカーネル関数です。2015年4月にサポートされました。それ以前のLinuxカーネルでは利用できません。

```
# git blame -L170,+10 lib/string.c
30035e45753b7 (Chris Metcalf 2015-04-29 12:52:04 -0400 179) ssize_t strscpy(char *dest,
const char *src, size_t count)
#  git show 30035e45753b7
commit 30035e45753b708e7d47a98398500ca005e02b86
Author: Chris Metcalf <cmetcalf@ezchip.com>
Date:   Wed Apr 29 12:52:04 2015 -0400

    string: provide strscpy()

    The strscpy() API is intended to be used instead of strlcpy(),
    and instead of most uses of strncpy().
```

strscpy()の特徴としては以下の通りです。

- コピー元バッファがヌル終端していなくてもよい(strlcpyの課題解決)
- コピー先バッファのサイズが足りない場合は関数がエラー(-E2BIG)を返す(strncpyとstrlcpyの課題解決)
- スレッドセーフアタックに強い(strlcpyの課題解決)
- コピー先バッファは必ずヌル終端する(strncpyの課題解決)
- コピー先バッファの末尾をヌル(¥0)で埋め尽くさない(strncpyの課題解決)

CODE lib/string.c

```
ssize_t strscpy(char *dest, const char *src, size_t count)
```

文字列のコピー処理としてstrncpy()、strlcpy()、strscpy()など複数の種類が存在し、カーネル内で混乱気味なところはありますが、少しずつ改善されていっています。

CHAPTER 11
チェックリスト

　本書ではさまざまなバグ修正の内容について見てきましたが、実際に開発を行う上で品質確保のために役立つトピックスをチェックリスト形式にしました。

SECTION-031

チェックリストの必要性

本書の最終章としてチェックリストを記載します。

概要

本書でこれまで取り上げたバグ修正の中から、ソフトウェア開発(プログラミング)を行う上で開発者(プログラマー)が気を付ける事項について、一覧としてまとめました。この一覧をチェックリストとして活用することで、作り込み品質を底上げすることができます。

テストやリリース後に見つかったバグは、素直に修正するしかないのですが、ソフトウェアの品質はプログラミングを行った際、テストに移行する前にいかにバグを摘出するかが重要です。プログラマーは自分の書いたコードが正しいと思って書いているので、なかなか自分ではバグに気付きにくいものです。

そこで、自分が書いたソースコードをしばらく経過してからチェックしてみる、もしくは第三者がチェックすることで、思わぬバグを見つけることができます。ソースコードをチェックする際、チェックリストを活用して、どういった観点で確認すればよいかの指針となります。

チェックリストの活用方法

チェックリストの活用方法は以下の通りです。
- ソースコードを書いた本人が自分でチェックする(セルフチェック)
- 第三者がソースコードをチェックする(クロスチェック)

セルフチェックは、ソースコードを書いてからしばらくして行うのが効果的です。定量的にどのくらいの期間を空ければいいかは人それぞれですが、1週間とか1カ月とか、自分で書いたソースコードを忘れてしまう時期がおすすめです。

クロスチェックは、レビューする人が必ずバグを見つけるんだという気持ちであることが望ましいです。プログラムのバグではなく、他人の揚げ足を取るような人はレビューアーには向いていません。

そして、大切なことはチェックリストの活用方法を開発プロセスに組み込むことです。「プログラミングするときにチェックリストを活用しましょう」というだけでは絵に描いた餅です。プログラミングという工程が終了した段階で、プロジェクト管理者がチェックリストを活用してレビューが行われているかを必ず確認するようにしましょう。チェックリストのチェックがないと、開発の現場で活用されることはありません。なぜなら、だんだん面倒くさくなって活用しなくなっていくからです。

チェックリストは生もの

　チェックリストは一度作ったらおしまいというわけではありません。チェックリストを活用していく中で、新しく知見が見つかったらチェックリストに追加していく必要があります。逆に、品質向上に効果が見られない項目は削除する必要があります。

　つまり、チェックリストは育てていくものなのです。チェックリストの項目数が多すぎると、レビュアーの負担も大きくなるのでバランスも大切です。

SECTION-032

チェックリスト

チェックリストは以下の通りです。

項番	確認内容	チェック
1	修正量が100行以下であること	
2	修正を行う際はたった1つのバグのみを直すこと	
3	普段通らないパス(異常系パス)において正しくエラーハンドリングができていること	
4	追加したコードがライセンス違反していないこと	
5	gotoは使ってもよいが上方向にジャンプしていないこと	
6	デバイスドライバ(カーネルモジュール)の取り外し処理で、メモリの解放順番が正しいこと	
7	割り込みハンドラを登録した瞬間に割り込みが発生することを考慮できていること	
8	32bitと64bit環境を考慮した実装になっていること	
9	仕掛かり中の処理の終了待ちが確実に行えていること	
10	コードのコピペは極力しないこと	
11	関数の途中リターンは極力しないこと	
12	メモリのゼロクリア処理がなくなると困る場合はmemzero_explicit()を使うこと	
13	メモリリークやメモリ破壊を絶対にしていないこと	

■ チェックリストの確認内容の意図

チェックリストの確認内容について、その意図は以下の通りです。

▶ 項番1「修正量が100行以下であること」

修正によるデグレードを回避するため、ソースコードの修正量を少なく抑えたほうがよいという意味です。100行というのは単なる目安であり、絶対に100行を超えてはならないということではありません。

▶ 項番2「修正を行う際はたった1つのバグのみを直すこと」

既存のソースコードを修正する場合、1つの問題のみに対して行うようにすることで、修正内容をシンプルにできます。もし、後日その修正のみを取り消したい場合に取り消しが容易になります。1つの修正で複数のバグを直すと、後で1つのバグ修正のみを取り消すことが難しくなります。

▶ 項番3「普段通らないパス(異常系パス)において正しくエラーハンドリングができていること」

関数がエラーとなる場合、何も考えずにエラーリターンしていると、リソースの解放漏れが起こる可能性があります。リソースの解放漏れはメモリリークという重大バグにつながるので、絶対にあってはならないことです。

▶項番4「追加したコードがライセンス違反していないこと」

自分でゼロから作ったソースコードはライセンスとしてプロプライエタリ（proprietary）となります。そのソースコードを一般公開する場合には何らかのライセンスを付ける必要があります。世の中にはソースコードの扱いを明確にしていないものもありますが、無用なトラブルを避けるためにもライセンスを明確にしておくことで、開発者自身を法で守ることができます。

作ったソースコードを既存のソースコードに組み込む場合には注意が必要です。なぜなら、既存のソースコードのライセンスに合わせる必要があるからです。ソースコードを流用する場合も同様です。別々のライセンスを保有するソースコードを混在させることは基本的にできません。お互いに矛盾が生じない組み合わせなら問題ないこともあります。

▶項番5「gotoは使ってもよいが上方向にジャンプしていないこと」

カーネルプログラミングにおいてgoto文はよく使われますが、下方向のみへのジャンプとするのが望ましいです。上方向にジャンプすると、プログラムの動きが途端に複雑になり、俗にいうスパゲッティプログラムになることがあるからです。

▶項番6「デバイスドライバ（カーネルモジュール）の取り外し処理で、メモリの解放順番が正しいこと」

デバイスドライバ（カーネルモジュール）の取り外し処理では、まだドライバやハードウェアが動作中の可能性があるため、仕掛かり中の処理を完全停止させてからメモリを解放しなければなりません。このことが守れていないと、ドライバを取り外そうとしたタイミングでメモリ破壊が発生し、システム停止となることがあります。非常に気を遣うところです。

▶項番7「割り込みハンドラを登録した瞬間に割り込みが発生することを考慮できていること」

ハードウェアからの割り込みというものはいつ起こるかわかりません。request_irq()で割り込みハンドラを登録した直後に、割り込みが発生し、割り込みハンドラが呼ばれることがあります。そうした場合においても割り込みハンドラは期待通りに動くようになっている必要があります。

特に、割り込みハンドラの登録はデバイスドライバの初期化中に行うので、割り込みハンドラが動けるようになるための準備が整っていないと、思わぬバグになってしまいます。

▶項番8「32bitと64bit環境を考慮した実装になっていること」

Linuxカーネルやデバイスドライバは32bitおよび64bit環境のいずれでも動作できることが期待されます。C言語のlongとポインタのサイズが環境により変わるので、そのことを考慮したソースコードになっている必要があります。もっとも、どちらかの環境でしか開発しない、保守もしないということが確実に決まっている場合は、こうした考慮は不要となります。

▶項番9「仕掛かり中の処理の終了待ちが確実に行えていること」

デバイスドライバはハードウェアを制御するのが仕事になるので、ハードウェアに対する要求が正常に終了したのか、異常になったのか、タイムアウトしたのかを漏れなく検出する必要があります。実はまだハードウェアが動作中にもかかわらず、ドライバ側で終了したと誤判定してしまうと、ドライバとハードウェアの動きがずれることになり、致命的障害を引き起こすことがあります。

SECTION-032 チェックリスト

▶ 項番10「コードのコピペは極力しないこと」

　ソースコードを記述していると、似たような処理を作りたい場合、出来心でコードの断片をコピペ(コピー&ペースト)してしまうことがあります。必ずしもコピペは悪ではないのですが、似たようなコードがあちこちにあると、保守が大変です。もし、共通のバグが見つかった場合、該当するすべてのコピペしたコードを修正しないとならないからです。可能な範囲で関数化するのがよいです。

▶ 項番11「関数の途中リターンは極力しないこと」

　関数の途中リターンは絶対してはならないということはなく、そうしたほうがコードの作りがシンプルになることもあります。しかし、往々にしてメモリの解放漏れなどのバグを作り込むことになるので、関数の途中リターンは行わず、gotoで関数の末尾に飛び、最後にまとめてリソース解放するのが定石です。

▶ 項番12「メモリのゼロクリア処理がなくなると困る場合はmemzero_explicit()を使うこと」

　memset()によりメモリのゼロクリア処理は、コンパイラの最適化で削除されることがあります。削除されると困る場合はmemzero_explicit()を使う必要があります。特にセキュアコーディングではゼロクリア処理が必須となるのが一般的です。

▶ 項番13「メモリリークやメモリ破壊を絶対にしていないこと」

　カーネルメモリを確保して使う場合は、不要になったタイミングで必ず解放しておく必要があります。Linuxカーネルにはガベージコレクタの仕組みがないので、メモリの解放漏れがあるとメモリリークになります。メモリリークはテストで発見するのが困難であり、その上、致命的なシステム障害となるのでやっかいです。

　カーネルメモリのほか、スタック領域などのメモリ領域は範囲外アクセスをすると、メモリ破壊が起こります。Linuxカーネルは一枚岩であるため、一部でメモリ破壊が起こると、致命的なシステム障害につながることがあります。

　メモリリークやメモリ破壊はテストで見つけることが実質不可能なので、ソースコードのレビューで確実に除去しておくことが期待されます。

INDEX

記号・数字

#!	163
#ifdef	103
¥0	164,187
/etc/os-releaseファイル	17
.rodataセクション	60
32bit	98
64bit	98

英字

aptコマンド	11
ASCIIコード	141
async	62
author	25
blame	122
BOF	181
catコマンド	17
clone	26
Coccinelle	64
committer	25
COPYING	35
CoverityScan	108
CPUfreq	64
CPU脆弱性対策	149
CPUランデブー	146
C言語	10
DMA	116
EOL	23
gccコマンド	11
glibc	52
goto文	53
GPL ver2	35
grepコマンド	17
I2C	42,116
inotify	171
I/Oデバイス	75
ipコマンド	85
IRQ	76
IRQハンドラ	77
Kernel free	52
kfree()	52
kmalloc()	55
kzalloc()	55
ldisc	155
LICENSES	35
Linux	10
linux-next	22,23
Linuxカーネル	15,18,22,29
Linuxディストリビューション	15,16
LKML	29
longterm	22,23
LP64	98
lsmodコマンド	57
LTS	23
mainline	22,23
Makefile	11
makeコマンド	11
memset()	156
NAPI	86
OSTA	141
PCI Express	125
PIC	75
printk()	101
rmmodコマンド	57
root権限	11
RTC	108
shallow clone	26
shebang	163
SipHash	102
SPDX	35
stable	22,23
stapコマンド	91
straceコマンド	87
strlcpy()	185
strncpy()	185
sudoコマンド	11
sync	62
SystemTap	89,90
tarball	23
The Linux Kernel Archives	22
TTY	155
Ubuntu	10
UDF	141
UIO	79
unameコマンド	16,98
Unicode	140
use-after-free	178
UTF-8	141
UTF-16	141

あ行

アドレス	98
インタープリタ	163
エンコーディング	141
エンバグ	41
オーダーワークキュー	129

か行

カーネルメモリ	154
カーネルモジュール	12
改善	31,162
外部割り込み	74
解放後使用	178
活線挿抜	56,125
機能テスト	46
クローン	26
クロスチェック	39,40,192
クロスレビュー	40
結合テスト	46
コピペミス	136

197

INDEX

コミットID	26
コミットログ	26
コンプリーション	118

さ行

最新仕様	140
差分表示	25
サロゲートペア	142
参照カウンタ	171
システムコール	37
システムテスト	47
修正量	45
終了	114
条件コンパイル文	103
スプリアス割り込み	77
スペクター v1	152
脆弱性	30, 148
静的コード解析ツール	64, 108
セキュリティ	30, 148
セルフチェック	192
ゼロクリア	154
潜在的な二重フリー	82
ソースコード	23
ソフトウェア割り込み	74

た行

単体テスト	46
チェックリスト	192, 194
遅延実行	72
遅延ワークキュー	129
注釈履歴	122
デグレード	41
テスター	40
テスト	39, 40, 46
デバイスドライバ	13, 56, 64
同期	62
ドキュメント	31
途中リターン	144

な行

内部割り込み	74
名前空間	63
ヌル	164, 187
ヌル終端	186
ネットワークインターフェイス	85

は行

バージョン	18
ハードウェア割り込み	74, 75
バグ	39
パス	50
バックトレース	69
ハッシュ化	102
バッファオーバーフロー	181

非同期	62
非同期処理	114
ビルドエラー	132
品質	34
品質確保	39
品質保証	35
不要コード	138
ブラウザ	23
ポインタ	98
ポーリングモード	86
ホットアッド	125
ホットプラグ	125
ホットリムーブ	125

ま行

マイクロコード	146
メモリ空間	98
メモリ破壊	170
メモリリーク	52
文字コード	141
文字列コピー	184

ら行

ライセンス	35
リーナス・トーバルズ	15
リファクタリング	31, 139, 162
履歴情報	26
例外	74
レグレッション	41
レグレッションテスト	47
レビューアー	40
ローダブルカーネルモジュール	57

わ行

ワークキュー	62, 129
割り込み	74
割り込み禁止	84
割り込みコントローラ	75
割り込みディスクリプタテーブル	76
割り込みテーブル	76
割り込み番号	76
割り込みハンドラ	77
割り込みベクタ	76

■著者紹介

平田　豊（ひらた　ゆたか）

1976年兵庫県生まれ。石川県金沢在住。執筆活動歴は20年以上で、著書は18冊。
#カーネルパッチ勉強会（Twitter）の主催。
2004年にTera Termをオープンソース化。
所属コミュニティは組込みエンジニアフォーラム（E2F）、インフラ勉強会、宿題メール。
2018年にIT企業（20年勤務）を退職し、2019年よりフリーランス（個人事業主）。

◆著者近影

※作成：金沢区地蔵堂さん（http://4kure.zizodo.info/）

◆著者ホームページ

http://hp.vector.co.jp/authors/VA013320/

◆著書

『独学でプログラマを目指すあなたを応援する本。プログラミングは過去に学んだ知識も無駄にならない』（まんがびと）
『ITエンジニア的論理思考テクニック!仕事ができる人になるための13の極意』（まんがびと）
『目指すは生涯現役のITエンジニア!どこでも通用するために今からやっておくべきチェックシート』（まんがびと）
『ITエンジニアとして生き残るための指南書。自分を守りアップデートするための18のテクニック』（まんがびと）
『Linuxデバイスドライバプログラミング』（SBクリエイティブ）
『C言語 逆引き大全 500の極意』（秀和システム）
『Linux技術者のためのC言語入門』（工学社）
『Linuxカーネル「ソースコード」を読み解く』（工学社）
『Linuxカーネル解析入門[増補版]』（工学社）
『Linuxカーネル解析入門』（工学社）
『【改訂版】正規表現入門』（工学社）
『正規表現入門』（工学社）
『補講C言語』（工学社）
『C言語のしくみ』（工学社）
『Perlトレーニングブック』（ソーテック社）
『C言語トレーニングブック』（ソーテック社）
『平成15年度 ソフトウェア開発技術者 独習合格ドリル』（ソーテック社）
『これからはじめるPerl&CGI入門ゼミナール』（ソーテック社）

編集担当 ：吉成明久 / カバーデザイン ： 秋田勘助(オフィス・エドモント)
写真：©Nikita Gonin - stock.foto

●特典がいっぱいのWeb読者アンケートのお知らせ

　C&R研究所ではWeb読者アンケートを実施しています。アンケートにお答えいただいた方の中から、抽選でステキなプレゼントが当たります。詳しくは次のURLのトップページ左下のWeb読者アンケート専用バナーをクリックし、アンケートページをご覧ください。

C&R研究所のホームページ http://www.c-r.com/

携帯電話からのご応募は、右のQRコードをご利用ください。

超例解Linuxカーネルプログラミング
最先端Linuxカーネルの修正コードから学ぶソフトウェア品質

2019年7月23日　初版発行

著　者	平田豊	
発行者	池田武人	
発行所	株式会社　シーアンドアール研究所	
	新潟県新潟市北区西名目所4083-6(〒950-3122)	
	電話　025-259-4293　FAX　025-258-2801	
印刷所	株式会社　ルナテック	

ISBN978-4-86354-284-6 C3055
©Hirata Yutaka, 2019　　　　　　　　　　Printed in Japan

本書の一部または全部を著作権法で定める範囲を越えて、株式会社シーアンドアール研究所に無断で複写、複製、転載、データ化、テープ化することを禁じます。

落丁・乱丁が万一ございました場合には、お取り替えいたします。弊社までご連絡ください。